westermann

ERLEBNIS
Mathematik

5

Arbeitsbuch Inklusion

1 | Zahlen und Daten

Die Schulleitung möchte herausfinden, ob die Schülerinnen und Schüler mit dem Schulhof zufrieden sind. Beschreibe das Ergebnis der Klasse 6a.

Wie viele Schülerinnen und Schüler haben in der Klasse 6a abgestimmt?

In diesem Kapitel lernst du, …

… wie du Anzahlen in Strichlisten, Tabellen, Diagrammen und anderen Schaubildern darstellst.

… wie du Zahlen am Zahlenstrahl darstellst und abliest.

… wie du Zahlen in eine Stellenwerttafel einträgst.

… wie du Zahlen vergleichst, ordnest und rundest.

… wie du große Anzahlen schätzen kannst.

Zahlen und Daten

Diagramme

So kannst du Daten in **Diagrammen** darstellen:

① Beschrifte die Hochachse.
② Beschrifte die Rechtsachse.
③ Zeichne die Säulen und Balken jeweils gleich breit (1 Kästchen oder 1 cm).
④ Trage die Daten ein.

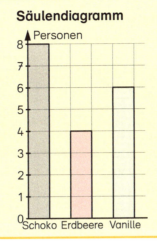
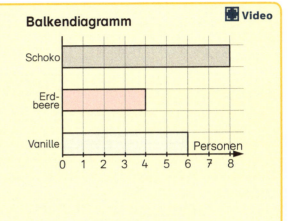

1. Aus der Klasse 5b gehen 6 Kinder in den Sportverein.

Anton	Kea	Adele	Matteo	Moritz	Liam
12 Jahre	11 Jahre	10 Jahre	12 Jahre	12 Jahre	10 Jahre
Fußball	Handball	Schwimmen	Fußball	Schwimmen	Fußball

a) Erstelle ein Balkendiagramm für die Verteilung auf die Sportarten.

b) Erstelle ein Balkendiagramm für das Alter.

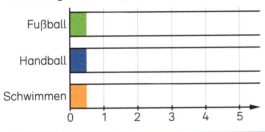
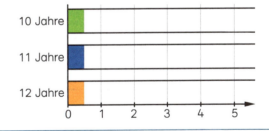

2. Die Strichliste zeigt, wie viele Kinder jeweils in der Sportabteilung sind.
a) Entnimm die Daten der Strichliste und übertrage sie in die Tabelle.
b) Zeichne ein Balkendiagramm.

Fußball																				
Handball																
Schwimmen													

Fußball	
Handball	
Schwimmen	

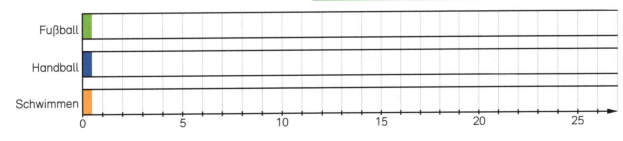

3. Bei einer Umfrage haben Kinder ihr Lieblingshaustier auf einen Zettel geschrieben.

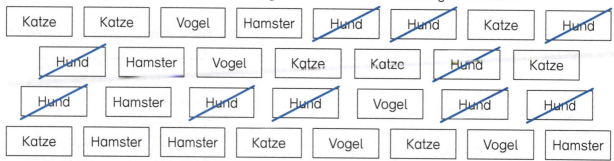

a) Erfasse in einer Strichliste, wie oft jedes Tier genannt wurde. Vervollständige die Tabelle.
b) Stelle das Ergebnis der Umfrage in einem Säulendiagramm dar.

Lieblingstier	Anzahl der Stimmen	
Hund	ʮʮ ʮʮ	10
Vogel		
Katze		
Hamster		

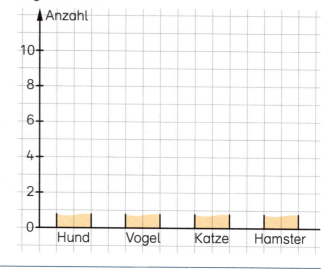

4. Nach einem Besuch im Zoo wurden Jugendliche nach ihrem liebsten Zootier gefragt. Das Ergebnis der Befragung ist im Balkendiagramm dargestellt.

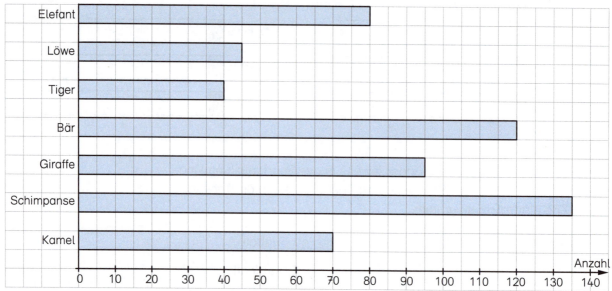

a) Lies die Zahlen im Balkendiagramm ab und trage sie in die Liste ein.
b) Ordne die Tiere nach der Anzahl der Stimmen. Beginne mit dem beliebtesten Tier.

Tier	Elefant	Löwe	Tiger	Bär	Giraffe	Schimpanse	Kamel
Anzahl der Stimmen							

b) Ordne die Tiere nach der Anzahl der Stimmen. Beginne mit dem beliebtesten Tier.

Zahlen und Daten

Ein Bilddiagramm ist eine besonders anschauliche Art der Darstellung. So erstellst du ein Bilddiagramm:

① Wähle passende Symbole aus.
② Lege fest, für welche Anzahl jedes Symbol steht.
③ Zeichne die passende Anzahl von Symbolen.

Beliebte Autofarben

Legende: 🚗 = 50 Autos

5. In der Tabelle sind die Besucherzahlen im Freibad dargestellt.
a) Für wie viele Besucher steht eine Symbol? Trage ein.
b) Ergänze die fehlenden Besucherzahlen.
c) Vervollständige das Balkendiagramm

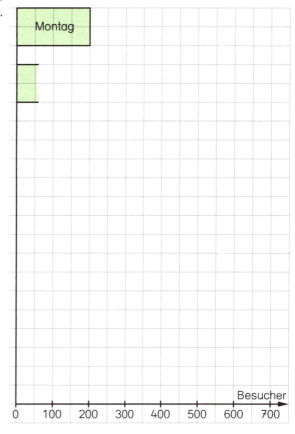

👤 steht für _____ Besucher.		
Montag	👤👤	200
Dienstag	👤👤👤	
Mittwoch	👤👤👤👤 👤	
Donnerstag	👤👤👤	
Freitag	👤👤👤👤 👤	
Samstag	👤👤👤👤👤 👤👤	
Sonntag	👤👤👤👤	

6. In der Tabelle stehen Besucherzahlen im Klettergarten.
Ergänze die fehlenden Symbole.

👤 = 100 Besucher

Mai	👤👤👤👤👤 👤👤👤	800
Juni		900
Juli		1 100
August		1 000
September		700
Oktober		500

7. So alt können Tiere werden. Erstelle zu den Daten ein Säulendiagramm.

Tier	Alter
Gorilla	50 Jahre
Wal	110 Jahre
Schaf	15 Jahre
Elefant	70 Jahre
Hund	20 Jahre
Aal	50 Jahre
Bär	45 Jahre

8. Das schnellste Landtier ist der Gepard. Bei der Jagd erreicht er eine Geschwindigkeit von 120 $\frac{km}{h}$. In der Tabelle stehen Höchstgeschwindigkeiten anderer Tiere.

Tier	Antilope	Elefant	Gepard	Igel	Löwe	Nashorn	Pferd
Geschwindigkeit	90 $\frac{km}{h}$	40 $\frac{km}{h}$	120 $\frac{km}{h}$	7 $\frac{km}{h}$	50 $\frac{km}{h}$	40 $\frac{km}{h}$	70 $\frac{km}{h}$

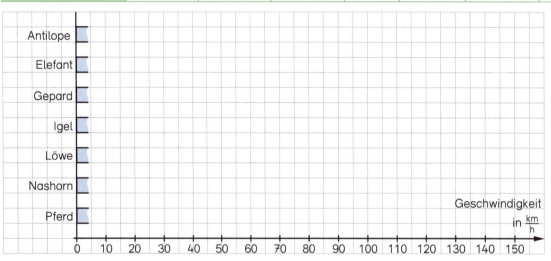

9. In der Tabelle steht für einige Tierarten das Höchstgewicht, das weibliche und männliche Tiere erreichen können. Stelle die Daten der Tabelle in einem Balkendiagramm dar.

	Gorilla	Zebra	Löwe	Tiger	Strauß
weiblich	100 kg	320 kg	160 kg	180 kg	100 kg
männlich	260 kg	320 kg	220 kg	320 kg	140 kg

Zahlen und Daten SB S. 12–15 7

10. Familie Müller plant eine Fahrradtour mit 4 Tagesstrecken.

Montag	Dienstag	Mittwoch	Donnerstag
40 km	24 km	50 km	38 km

Erstelle ein Balkendiagramm zur Länge der Tagesstrecken.

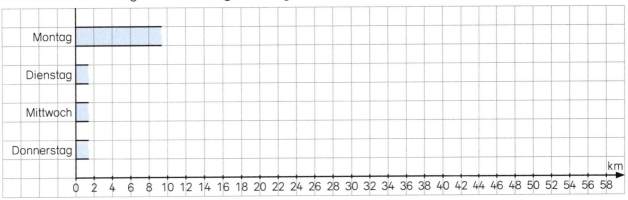

11. Im Bilddiagramm ist dargestellt, wie die Zuschauerinnen und Zuschauer eines Handballspiels zur Sporthalle kommen.

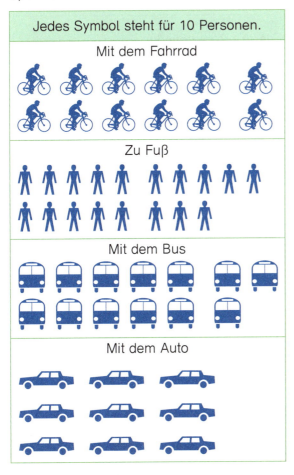

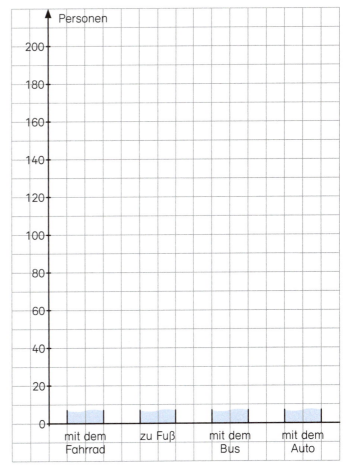

a) Trage die Zahlen in die Tabelle ein.

Mit dem Fahrrad	Zu Fuß	Mit dem Bus	Mit dem Auto

b) Stelle die Zahlen im Säulendiagramm dar.

Tabellen und Diagramme mit Tabellenkalkulation

So ist das Rechenblatt bei einem Computer eingestellt:

Die **Spalten** sind mit Buchstaben beschriftet.

	A	B	C	D	E	F
1			+			14
2					✉	
3		♥				
4	33					✈
5			19	☺		
6	@					
7						

Die **Zeilen** sind mit Zahlen beschriftet.

Wo sich eine **Spalte** und eine **Zeile** kreuzen, entsteht eine Zelle.
Hier kreuzt die Spalte **C** die Zeile **3**. Die Zelle hat deshalb den Namen **C3**.

1. Suche in der Tabelle das Herz. Notiere die Spalte, die Zeile und die Zelle.

Spalte: _____   Zeile: _____   Zelle: _____

2. Notiere den Namen der Zelle, in der sich das Zeichen oder die Zahl befindet.

a) ☺ _____   b) @ _____   c) ✈ _____   d) 33 _____

e) ✉ _____   f) + _____   g) 14 _____   h) 19 _____

3. Trage die Zahl in die angegebene Zelle ein.

a) 5 in Zelle B2   b) 7 in Zelle D6   c) 8 in Zelle E7   d) 0 in Zelle F5

4.

	A	B	C	D	E	F	G
1	Ergebnisse beim Dart						
2							
3		Ayla	Lea	Marc	Kim	Annika	Tom
4	1. Runde	49	67	56	42	58	71
5	2. Runde	54	45	68	58	47	40
6	3. Runde	69	63	72	49	61	55
7							
8	Endstand	172					

Die Inhalte der Zellen B4, B5 und B6 sollen addiert werden, das Ergebnis soll in Zelle B8 stehen.
☐ 1. Schritt: Das Gleichheitszeichen eingeben. =-Taste
☐ 2. Schritt: Die Rechnung eingeben. B4 + B5 + B6
☐ 3. Schritt: Eingabe mit ↵ bestätigen.

a) Erstelle die Tabelle am Computer.
b) Berechne den Endstand beim Dartspiel für jeden Spieler wie im Beispiel.
   Trage für jeden Spieler den Endstand in die Tabelle ein.

Zahlen und Daten SB S. 16–17 PROJEKT 9

5. Mehrere Schulen führen ein Sportturnier durch.
Jede Schule meldet, wie viele Schülerinnen und Schüler an den einzelnen Wettbewerben teilnehmen.

Übertrage die Tabelle auf einen Computer.

	A	B	C
1	Umfrage Sportturnier		
2			
3	Sportart	Schüler	
4	Fußball	125	
5	Volleyball	86	
6	Basketball	56	
7	Völkerball	153	

6. So erstellst du auf dem Computer Diagramme zum Ergebnis der Umfrage:

ANLEITUNG

☐ 1. Schritt: Markiere deine Tabelle. Klicke dann auf Einfügen und anschließend auf diese Schaltfläche:

Empfohlene Diagramme

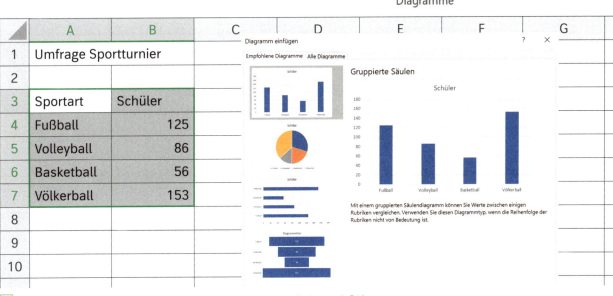

☐ 2. Schritt: Wähle einen Diagrammtyp aus. Dann klicke auf OK.

☐ 3. Schritt: Zum Ändern der Überschrift klicke auf + und anschließend auf Legende. Dann klicke auf den Text, den du ändern möchtest.

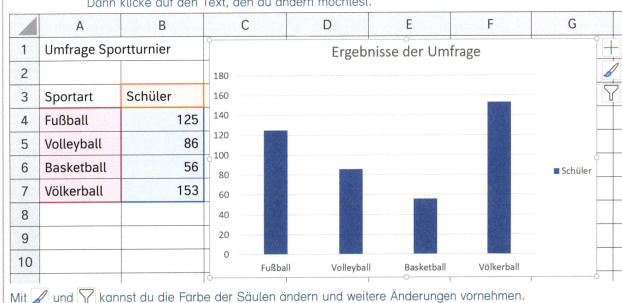

Mit ✏ und ▽ kannst du die Farbe der Säulen ändern und weitere Änderungen vornehmen.

Natürliche Zahlen am Zahlenstrahl

0, 1, 2, 3, 4, … heißen **natürliche Zahlen**. Es gibt unendlich viele natürliche Zahlen.

Auf dem Zahlenstrahl stehen die natürlichen Zahlen nach der Größe geordnet.
Nach rechts werden die Zahlen größer.

1. Wie heißen die Zahlen?

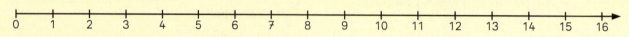

2. Ordne die Zahlen zu.

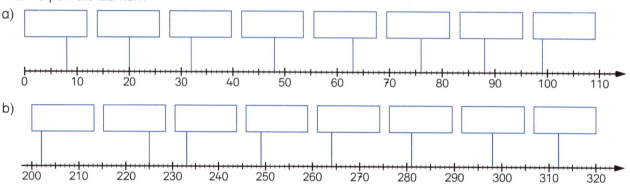

3. Wie heißen die Zahlen?

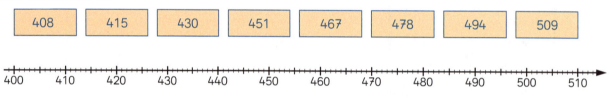

4. Wie heißt die Zahl in der Mitte?

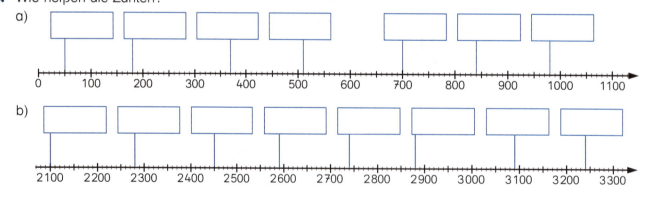

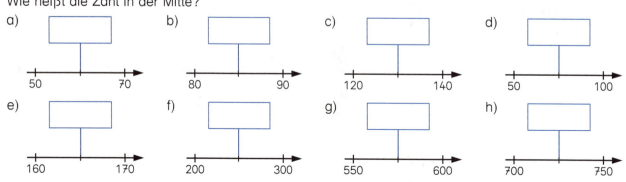

Stellenwerttafel

Natürliche Zahlen kannst du in eine **Stellenwerttafel** eintragen.
So lassen sich Zahlen übersichtlich darstellen.

1 Tausender (T) = 10 Hunderter (H)
1 Hunderter (H) = 10 Zehner (Z)
1 Zehner (Z) = 10 Einer (E)

Summenschreibweise:
4 208 = 4 T + 2 H + 8 E

T	H	Z	E
4	2	0	8

Zahlwort: viertausendzweihundertacht

1. Ergänze wie im Beispiel.

400	10	7
200		3
800	70	8

H	Z	E	Zahl
4	1	7	417
2	0	3	____
6	3	5	____
			526
			350
			____
7	4	9	____
			953

2. Trage in die Stellenwerttafel ein. Wie heißt die Zahl?

	T	H	Z	E	Zahl
a) 9 T + 5 H + 3 E	9	5	0	3	9 503
b) 4 T + 3 H + 8 Z + 4 E					
c) 6 H + 2 Z + 7 E					
d) 6 T + 4 H + 3 Z + 8 E					
e) 3 T + 3 Z + 4 E					
f) 2 T + 5 H + 6 Z					
g) 9 T					
h) 5 H + 5 E					
i) 7 T + 7 E					

3. Bilde Zahlen mit den Ziffern auf den Karten.

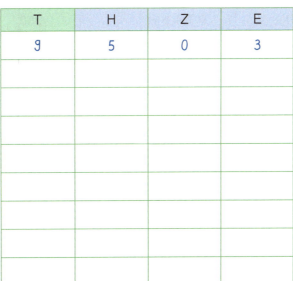

_____

_____

4. Bilde mit den Ziffern auf den Karten die kleinste und die größte Zahl.

kleinste Zahl _____ größte Zahl _____

5. Zerlege die Zahl in Tausender, Hunderter, Zehner und Einer und trage sie in die Stellenwerttafel ein.

T	H	Z	E

a) 5 793   5 T + 7 H + 9 Z + 3 E

b) 4 806   _____

c) 2 641   _____

d) 5 068   _____

e)   587   _____

f) 6 849   _____

g) 3 251   _____

h) 5 795   _____

i) 8 003   _____

j)   700   _____

6. Immer zwei Karten gehören zusammen. Färbe sie in derselben Farbe.

4 269	9 H + 5 Z	325	3 T + 2 Z + 5 E
3 025	6 924	9 500	6 T + 9 H + 2 Z + 4 E
4 T + 2 H + 6 Z + 9 E	9 T + 5 H	950	3 H + 2 Z + 5 E

7. Was gehört zusammen? Ordne zu.

fünftausendvierhundert	9 318
dreihundertsiebenundzwanzig	5 038
neuntausenddreihundertachtzehn	5 400
fünftausendachtunddreißig	981
dreitausendsechshundertzehn	3 610
neunhunderteinundachtzig	327

8. Hier wurden Fehler gemacht. Berichtige.

a) 3 T + 4 H + 6 Z + 7 E = 7 643 _____

   8 T + 5 H + 9 Z + 6 E = 8 569 _____

   5 T + 3 H + 7 Z + 9 E = 5 397 _____

b) 5 T + 3 H + 9 E =   539 _____

   3 T + 4 Z + 2 E = 3 420 _____

   7 T + 5 Z + 1 E =   157 _____

Zahlen vergleichen und ordnen

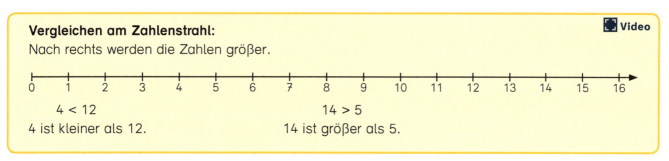

Vergleichen am Zahlenstrahl:
Nach rechts werden die Zahlen größer.

4 < 12
4 ist kleiner als 12.

14 > 5
14 ist größer als 5.

1. Kleiner, größer oder gleich? Setze ein: <, > oder =

a) 704 ☐ 7040
8267 ☐ 827
1000 ☐ 111
824 ☐ 2048

b) 94 ☐ 108
563 ☐ 365
334 ☐ 339
740 ☐ 470

c) 405 ☐ 450
450 ☐ 504
405 ☐ 405
550 ☐ 505

2. Ordne die Zahlen nach der Größe. Beginne mit der kleinsten Zahl.
Du erhältst ein Lösungswort.

a) 7200 P, 8702 R, 8270 E, 7280 A, 7802 P, 8207 I

b) 2319 I, 1923 S, 2193 T, 3219 E, 3192 T, 3129 F

3. Trage den Vorgänger und den Nachfolger ein.

a)
673	674	675
	7392	
	4099	
	8000	

b)
	239	
	6455	
	3214	
	7529	

c)
	400	
	9600	
	5210	
	4327	

4. Trage die fehlenden Zahlen in die Tabelle ein.

a)
Vorgänger	Zahl	Nachfolger
4725		
	5890	
	3199	
5309		

b)
Vorgänger	Zahl	Nachfolger
2768		
	4399	
		6001
7209		

Zahlen runden

Natürliche Zahlen runden

Runden auf **Tausender:**	6497 ≈ 6000	8713 ≈ 9000
Runden auf **Hunderter:**	4829 ≈ 4800	3264 ≈ 3300
Runden auf **Zehner:**	5763 ≈ 5760	5238 ≈ 5240
	Abrunden bei 0, 1, 2, 3, 4	**Aufrunden bei 5, 6, 7, 8, 9**

1. Runde auf Tausender.

a) 2200 ≈ _____ b) 2090 ≈ _____ c) 2370 ≈ _____ d) 7830 ≈ _____

   2300 ≈ _____   2330 ≈ _____   2760 ≈ _____   1430 ≈ _____

   2500 ≈ _____   2650 ≈ _____   2970 ≈ _____   9810 ≈ _____

2. Runde auf Hunderter.

a) 4080 ≈ _____ b) 4120 ≈ _____ c) 4490 ≈ _____ d) 3630 ≈ _____

   4420 ≈ _____   4180 ≈ _____   4980 ≈ _____   9450 ≈ _____

   4760 ≈ _____   4690 ≈ _____   4010 ≈ _____   5530 ≈ _____

3. Runde auf Zehner.

a) 3618 ≈ _____ b) 3671 ≈ _____ c) 3699 ≈ _____ d) 5734 ≈ _____

   3642 ≈ _____   3685 ≈ _____   3612 ≈ _____   7237 ≈ _____

   3666 ≈ _____   3647 ≈ _____   3654 ≈ _____   1498 ≈ _____

4.

a)
Runde auf Tausender	
4266	
948	
8499	

b)
Runde auf Hunderter	
2308	
4371	
769	

c)
Runde auf Zehner	
523	
3259	
7702	

5. Wo ist das Runden nicht sinnvoll? Kreuze an.

Lea Telefonnr. 32168

AB·CD 8435

Boxdorf 2318 Einwohner

Zahlen und Daten

Große Zahlen

Zahlwörter für große Zahlen

Milliarden (Mrd)			Millionen (Mio)			Tausender (T)					
HMrd	ZMrd	Mrd	HMio	ZMio	Mio	HT	ZT	T	H	Z	E
		3	8	7	1	0	8	6	4	9	3

- Gliederung in Dreierpäckchen: 3 871 086 493
- mit Abkürzungen: 3 Mrd 871 Mio 86 T 493
- Zahlwort: drei Milliarden achthunderteinundsiebzig Millionen sechsundachtzigtausendvierhundertdreiundneunzig

1. Trage in die Stellenwerttafel ein. Wie heißt die Zahl?

a) 2 Mio + 4 HT + 2 ZT + 5 T + 3 H

b) 7 HT + 3 ZT + 6 H + 4 Z + 8 E

c) 4 Mio + 5 ZT + 3 T + 8 H + 6 E

d) 9 HT + 6 ZT + 2 T

e) 9 Mio + 4 ZT + 8 T + 7 E

2. Wie heißt die Zahl?

a) 3 Mio + 6 HT + 5 ZT + 2 T + 4 Z + 8 E = _____

b) 7 HT + 8 ZT + 1 T + 6 H + 2 Z + 1 E = _____

c) 9 Mio + 2 HT + 7 T + 5 H + 8 Z = _____

d) 1 Mio + 9 ZT + 7 T + 4 H + 8 E = _____

3. Verbinde die Zahlen nach der Größe.

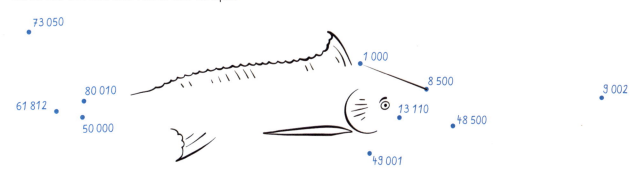

4. Kleiner, größer oder gleich? Setze ein: <, > oder =

a) 63 498 ☐ 128 715
   40 215 ☐ 440 215
   13 140 ☐ 140 103

b) 356 000 ☐ 456 000
   580 398 ☐ 518 260
   805 613 ☐ 806 513

c) 1 245 676 ☐ 1 245 667
   7 384 221 ☐ 7 438 212
   5 002 405 ☐ 5 204 005

Schätzen

Beim Schätzen erhältst du einen **Näherungswert**.

Dazu zählst du zunächst die Anzahl in einem Teilbereich. Dann schätzt du das Gesamte.

Das Bild ist in 12 gleich große Rasterfelder unterteilt.

In dem rot markierten Feld sind 8 Tauben.
12 · 8 = 96

Auf dem Bild sind insgesamt etwa 96 Tauben.

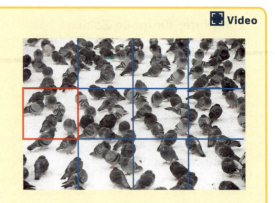

1. Bei welchem Bild kannst du die Anzahl besser bestimmen? Begründe.

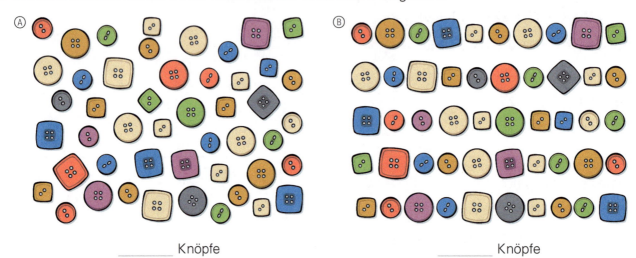

_____ Knöpfe   _____ Knöpfe

In Bild _____ kann ich die Anzahl besser bestimmen, weil _____

_____

2. Wie viele Gegenstände sind abgebildet?

a)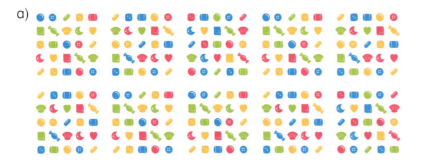

geschätzt: _____

gezählt: _____

b)

geschätzt: _____

gezählt: _____

Römische Zahlen

Bei der römischen Zahlschreibweise gelten folgende Regeln:
- Es gibt 7 römische Zahlzeichen:
  I = 1   V = 5   X = 10   L = 50   C = 100   D = 500   M = 1000
- Die Werte der Zahlzeichen werden addiert.
- Ein Zahlzeichen darf höchstens dreimal hintereinander geschrieben werden.
- Steht I, X oder C links vor einem der beiden nächstgrößeren Zeichen, wird subtrahiert.

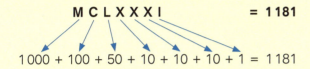

1000 + 100 + 50 + 10 + 10 + 10 + 1 = 1181

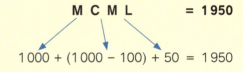

1000 + (1000 − 100) + 50 = 1950

1. Setze die Zahlenreihe mit römischen Zahlzeichen fort.

I	II	III	IV	V	VI	VII	VIII	IX	X
XI				XV					XX

2. Welche Zahl ist es?

_____   _____   _____

3. Schreibe mit römischen Zahlzeichen.

a) 4 = _____   15 = _____   14 = _____   22 = _____   30 = _____

b) 9 = _____   19 = _____   29 = _____   40 = _____   49 = _____

4. Ordne zu.

a)
LX — 99
XC — 110
IC — 60
CX — 90

b)
DXL — 450
CMV — 540
CDL — 49
XLIX — 905

5. Notiere mit römischen Zahlzeichen.

a) das Zehnfache von II _____   b) das Zehnfache von V _____

c) das Zehnfache von CC _____   d) das Zehnfache von IX _____

e) das Doppelte von VIII _____   f) das Fünffache von VI _____

1. In der Bergschule findet ein Sportfest statt. Das Säulendiagramm zeigt für Mädchen und Jungen der Klasse 5a die Verteilung der Urkunden.

a) Lies die Zahlen im Säulendiagramm ab. Trage sie in die Tabelle ein.
b) Vervollständige die Tabelle.

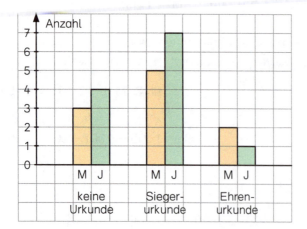

Klasse 5a	Mädchen	Jungen	insgesamt
keine Urkunde			
Siegerurkunde			
Ehrenurkunde			

c) Wie viele Mädchen und wie viele Jungen der Klasse 5a erhalten eine Urkunde?

A: _____

2. a) Erstelle ein Säulendiagramm zur Tabelle für die Klasse 5b.
b) Vervollständige die Tabelle.

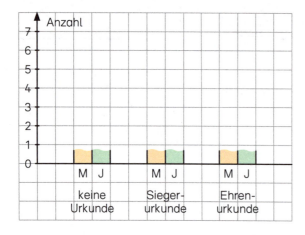

Klasse 5b	Mädchen	Jungen	insgesamt
keine Urkunde	4	6	
Siegerurkunde	5	3	
Ehrenurkunde	3	4	

c) Wie viele Mädchen und wie viele Jungen der Klasse 5b erhalten eine Urkunde?

A: _____

3. Bei einer Umfrage wurden Schülerinnen und Schüler der 5. Klassen nach ihrem liebsten Pausensnack gefragt. Erstelle zu den Zahlen in der Tabelle ein Balkendiagramm.

Schokoriegel	8
belegtes Brot	14
Obst	15

Zahlen und Daten

4. Wie heißen die Zahlen?

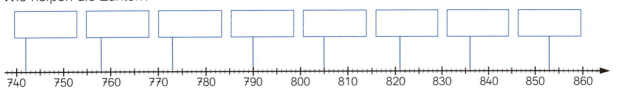

5. Ordne die Zahlen zu.

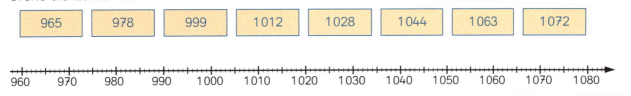

6. Ergänze die fehlenden Angaben.

T	H	Z	E		Zahl
4	3	7	8		
					5 093
6T + 4H + 7Z + 3E					
8T + 9Z + 7E					
7	5	0	6		
					2 553

7. Ordne die Zahlen. Beginne mit der kleinsten Zahl. Du erhältst ein Lösungswort.

a) 389 U   4 398 A   499 M   286 P

b) 8 550 W   8 555 E   8 055 L   8 505 Ö

c) 5 088 L   805 O   5 805 F   508 W

8. Runde auf Hunderter.

a) 754 ≈ _____   b) 985 ≈ _____   c) 7 354 ≈ _____   d) 2 222 ≈ _____

   838 ≈ _____   407 ≈ _____   2 983 ≈ _____   60 ≈ _____

9. Runde auf Tausender.

a) 3 719 ≈ _____   b) 3 056 ≈ _____   c) 3 333 ≈ _____   d) 875 ≈ _____

   9 210 ≈ _____   6 713 ≈ _____   8 888 ≈ _____   2 199 ≈ _____

10. Kleiner, größer oder gleich? Setze ein: <, > oder =

a) 51 497 ☐ 15 974   b) 543 219 ☐ 453 921   c) 4 222 229 ☐ 4 222 292

   30 318 ☐ 81 002   810 670 ☐ 709 106   3 289 875 ☐ 3 189 999

2 | Addieren und Subtrahieren

In diesem Kapitel lernst du, ...

... wie du geschickt im Kopf addierst und subtrahierst.

... wie du beim Addieren und Subtrahieren Rechenvorteile nutzt.

... wie du mit Klammern rechnest.

... wie du mehrere Zahlen schriftlich addierst und subtrahierst.

... wie du beim Rechnen einen Überschlag nutzt.

Bei Bauer Gräter holt das Milchauto 840 Liter Milch ab. Auf den beiden Nachbarhöfen sind es 700 Liter und 1050 Liter. Die gesamte Milch wird an eine Molkerei geliefert.

Im Kopf addieren und subtrahieren

> **Die Addition (Plusrechnen)**
> **Summand + Summand = Summe**
> 245 + 130 = 375
> Die Summe von 245 und 130 ist 375.
>
> **Die Subtraktion (Minusrechnen)**
> **Minuend − Subtrahend = Differenz**
> 375 − 245 = 130
> Die Differenz von 375 und 245 ist 130.

1.
a) 23 + 5 = _____
34 + 3 = _____
62 + 6 = _____
75 + 4 = _____

b) 30 + 40 = _____
60 + 20 = _____
10 + 70 = _____
40 + 60 = _____

c) 35 − 3 = _____
56 − 4 = _____
87 − 2 = _____
99 − 7 = _____

d) 50 − 40 = _____
70 − 30 = _____
60 − 20 = _____
40 − 10 = _____

2. Die Summe der Zahlen in zwei nebeneinander liegenden Steinen steht im Stein darüber.

a)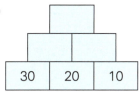
b)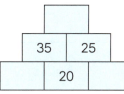
c)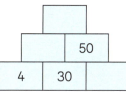
d)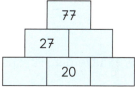

3.
a) 64 + 10 = _____
22 + 30 = _____
53 + 20 = _____

b) 20 + 35 = _____
42 + 46 = _____
61 + 27 = _____

c) 120 + 70 = _____
280 + 10 = _____
460 + 30 = _____

d) 141 + 30 = _____
412 + 60 = _____
328 + 40 = _____

4.
a) 49 − 20 = _____
54 − 30 = _____
78 − 40 = _____

b) 88 − 28 = _____
72 − 51 = _____
46 − 15 = _____

c) 200 − 80 = _____
500 − 70 = _____
600 − 50 = _____

d) 162 − 50 = _____
253 − 20 = _____
345 − 40 = _____

5. Notiere die Aufgabe mit Ergebnis.

a) Addiere die Zahlen 300 und 200.

b) Subtrahiere die Zahl 100 von 800.

c) Addiere zu 400 die Zahl 500.

d) Subtrahiere von 650 die Zahl 50.

e) Bilde die Summe von 780 und 200.

f) Bilde die Differenz von 900 und 700.

6.
a) 28 + 5 = _____
47 + 4 = _____
59 + 6 = _____

b) 36 + 6 = _____
13 + 9 = _____
64 + 7 = _____

c) 43 − 5 = _____
82 − 4 = _____
31 − 5 = _____

d) 25 − 9 = _____
95 − 7 = _____
44 − 8 = _____

Addieren und Subtrahieren

So rechnest du geschickt im Kopf:

Schrittweise rechnen

65 + 18 = 83
65 + 10 = 75
75 + 8 = 83

73 − 17 = 56
73 − 10 = 63
63 − 7 = 56

Hilfsaufgabe nutzen

49 + 39 = 88
49 + 40 = 89
89 − 1 = 88

84 − 29 = 55
84 − 30 = 54
54 + 1 = 55

7.
a) 37 + 14 = ___
37 + 10 = ___
___ + ___ = ___

b) 38 + 25 = ___
38 + 20 = ___
___ + ___ = ___

c) 56 + 37 = ___
56 + ___ = ___
___ + ___ = ___

d) 59 + 34 = ___
___ + ___ = ___
___ + ___ = ___

8.
a) 72 − 37 = ___
72 − 30 = ___
___ − ___ = ___

b) 94 − 56 = ___
94 − 50 = ___
___ − ___ = ___

c) 43 − 25 = ___
43 − ___ = ___
___ − ___ = ___

d) 63 − 46 = ___
___ − ___ = ___
___ − ___ = ___

9. Nutze die Hilfsaufgabe.

a) 63 + 19 = ___
63 + 20 = ___
___ − ___ = ___

b) 28 + 58 = ___
28 + 60 = ___
___ − ___ = ___

c) 44 − 29 = ___
44 − 30 = ___
___ + ___ = ___

d) 85 − 38 = ___
85 − 40 = ___
___ + ___ = ___

10.

a)
+	4	30	19
48			
26			

b)
−	5	20	18
21			
47			

c)
+	13	29	36
16			
33			

11.

a)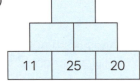
11, 25, 20

b)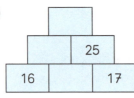
25; 16, 17

c)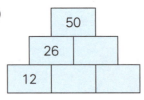
50; 26; 12

d)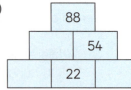
88; 54; 22

12.
a) Wie viel Euro kosten das T-Shirt und der Pulli zusammen?

R: _____

A: _____

b) Frau Arp kauft die Schuhe und die Strümpfe.
Sie bezahlt mit einem 50-€-Schein.
Wie viel Euro bekommt sie zurück?

R: _____

A: _____

Addieren und Subtrahieren   SB S. 40–43   23

13. Hier wird auf verschiedenen Wegen gerechnet. Vervollständige die Rechnungen.

Jan hat zwei Gewinnlose gezogen.

Jan rechnet:
340 + 190 = _____
340 + 100 = 440
440 + 90 = _____

Tom rechnet:
340 + 190 = _____
340 + 90 = 430
430 + 100 = _____

Julia rechnet:
340 + 190 = _____
340 + 200 = 540
540 − 10 = _____

Julia hat mit ihren Losen 530 Punkte gesammelt. Sie möchte den Teddy.

Jan rechnet:
530 − 180 = _____
530 − 100 = 430
430 − 80 = _____

Tom rechnet:
530 − 180 = _____
530 − 80 = 450
450 − 100 = _____

Julia rechnet:
530 − 180 = _____
530 − 200 = 330
330 + 20 = _____

14. Führe alle Rechenwege fort. Welcher Weg gefällt dir am besten?

a) 260 + 270 = _____
   260 + 200 = _____
   460 + _____ = _____

b) 260 + 270 = _____
   260 + 70 = _____
   _____ + _____ = _____

c) 260 + 270 = _____
   260 + 300 = _____
   _____ − 30 = _____

15. a) 420 − 170 = _____
       420 − 100 = _____
       320 − _____ = _____

b) 420 − 170 = _____
   420 − 70 = _____
   350 − _____ = _____

c) 420 − 170 = _____
   420 − 200 = _____
   _____ + 30 = _____

16. Wähle deinen Rechenweg.

a) 570 + 250 = _____
         = _____
         = _____

b) 380 + 340 = _____
         = _____
         = _____

c) 630 + 190 = _____
         = _____
         = _____

17. a) 640 − 290 = _____
           = _____
           = _____

b) 450 − 260 = _____
         = _____
         = _____

c) 630 − 190 = _____
         = _____
         = _____

18. a) 240 + 580 = _____
           = _____
           = _____

b) 510 − 350 = _____
         = _____
         = _____

c) 490 + 490 = _____
         = _____
         = _____

Rechenregeln

Die Klammerregel
Der Rechenausdruck in der Klammer wird zuerst ausgerechnet.
64 − (20 − 6) =
64 −   14   = 50

Sonst wird schrittweise von links nach rechts gerechnet.
64 − 20 − 6 =
   44   − 6 = 38

1. Rechne aus und vergleiche die Ergebnisse.

a) 24 − (4 + 5) =
_____ = _____

24 − 4 + 5 =
_____ = _____

b) 37 − (6 + 22) =
_____ = _____

37 − 6 + 22 =
_____ = _____

c) 46 − (21 + 8) =
_____ = _____

46 − 21 + 8 =
_____ = _____

2.
a) 35 + (9 − 4) =
_____ = _____

35 + 9 − 4 =
_____ = _____

b) 68 + (12 − 8) =
_____ = _____

68 + 12 − 8 =
_____ = _____

c) 53 + (16 − 5) =
_____ = _____

53 + 16 − 5 =
_____ = _____

3.
a) 11 + (6 − 2) + 5 =
_____ = _____

11 + 6 − (2 + 5) =
_____ = _____

b) 58 − (28 + 2) + 3 =
_____ = _____

58 − 28 + (2 + 3) =
_____ = _____

c) (44 + 12) − 6 − 6 =
_____ = _____

44 + (12 − 6) − 6 =
_____ = _____

4. Wer hat Fehler gemacht? Kreuze an und berichtige.

a) Bea ☺ ☹
20 − (2 + 3) = 15

b) Finn ☺ ☹
17 + 29 + 13 = 59

c) Lara ☺ ☹
25 − (10 − 5) = 10

d) Elif ☺ ☹
39 − (20 + 4) = 15

e) Timo ☺ ☹
28 + (19 − 5) = 52

f) Sina ☺ ☹
64 − (17 − 4) = 43

5. Setze die Klammern so, dass das Ergebnis richtig ist.

a) 80 − 40 + 30 = 70
b) 34 − 16 + 10 = 8
c) 20 + 15 − 8 + 12 = 15

6. Setze die Klammern so, dass das Ergebnis möglichst groß ist.

a) 37 − 17 − 7
d) 59 − 20 + 5

b) 48 − 18 − 5
e) 66 − 16 − 6

c) 60 − 20 − 10 + 30
f) 75 − 35 − 20 − 10

Addieren und Subtrahieren

> **Das Kommutativgesetz (Vertauschungsgesetz)**
> Beim Addieren darfst du die Summanden vertauschen.
> 47 + 16 + 3 =
> 47 + 3 + 16 =
> 50 + 16 = 66
>
> **Das Assoziativgesetz (Verbindungsgesetz)**
> Beim Addieren darfst du die Klammern beliebig setzen oder auch weglassen.
> 51 + 18 + 12 =
> 51 + (18 + 12) =
> 51 + 30 = 81

7. Tim kauft das T-Shirt, die Kappe und die Strümpfe. Wie viel Euro muss Tim bezahlen? Rechne geschickt.

16 + 12 + 4 = _____
16 + 4 + 12 = _____

A: _____

8. Vertausche die Summanden und rechne geschickt.

a) 17 + 24 + 3 =   b) 36 + 29 + 4 =   c) 59 + 15 + 11 =
   _____ = ___   _____ = ___   _____ = ___

d) 180 + 37 + 20 =   e) 110 + 55 + 90 =   f) 250 + 78 + 50 =
   _____ = ___   _____ = ___   _____ = ___

9. Setze Klammern und rechne geschickt.

a) 14 + 92 + 8 =   b) 45 + 15 + 27 =   c) 58 + 7 + 33 =
   _____ = ___   _____ = ___   _____ = ___

d) 27 + 13 + 5 =   e) 28 + 14 + 16 =   f) 29 + 11 + 30
   _____ = ___   _____ = ___   _____ = ___

10. Wähle deinen Rechenweg.

a) 5 + 69 + 25 =   b) 72 + 60 + 40 =   c) 38 + 43 + 2 =
   _____ = ___   _____ = ___   _____ = ___

d) 89 + 11 + 9 =   e) 15 + 85 + 12 =   f) 44 + 16 + 20 =
   _____ = ___   _____ = ___   _____ = ___

Wiederholungsaufgaben

Die Lösungen ergeben die Namen von Tieren.

1. Das Säulendiagramm zeigt die Besucherzahlen im Kletterwald.
   Lies die Zahlen im Säulendiagramm ab und trage sie in die Tabelle ein.

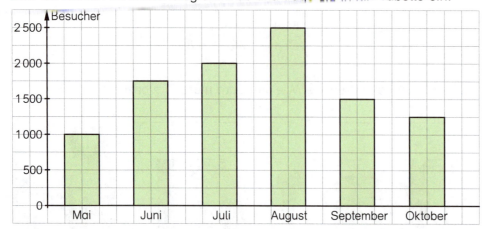

Besucher im Kletterwald:

Mai	Juni	Juli	August	September	Oktober
1 000					
L					

2. Wie heißen die Zahlen?

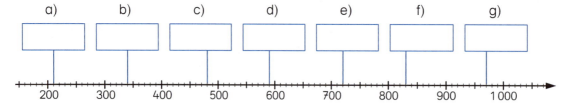

3. Wie heißt die Zahl in der Mitte?

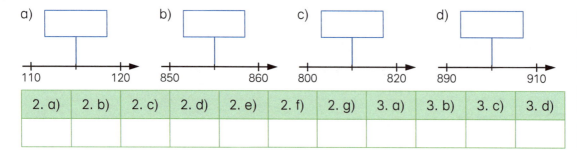

2. a)	2. b)	2. c)	2. d)	2. e)	2. f)	2. g)	3. a)	3. b)	3. c)	3. d)

4. a) 2 · 10 = _____   b) 5 · 3 = _____   c) 5 · 10 = _____   d) 9 · 5 = _____
   6 · 2 = _____   2 · 8 = _____   5 · 7 = _____   3 · 4 = _____
   3 · 10 = _____   10 · 7 = _____   4 · 5 = _____   6 · 5 = _____

4. a)	4. b)	4. c)	4. d)

C | 12
S | 15
E | 16
O | 20
H | 30
R | 35
S | 45
F | 50
N | 70
I | 115
T | 210
I | 340
N | 480
T | 590
E | 720
C | 810
N | 830
S | 855
H | 900
F | 970
L | 1 000
N | 1 250
A | 1 500
E | 1 750
G | 2 000
U | 2 500

Überschlagen und schriftliches Addieren

Überschlagsrechnung
Das Ergebnis kannst du vor der Rechnung schon ungefähr abschätzen.
Runde dafür alle Zahlen so, dass du im Kopf rechnen kannst.

183 + 152 = ?
Ü: 180 + 150 = 330

1. Runde auf Hunderter.

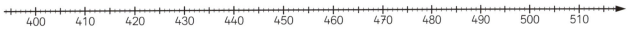

a) 220 ≈ _____   b) 209 ≈ _____   c) 237 ≈ _____   d) 783 ≈ _____

230 ≈ _____   233 ≈ _____   276 ≈ _____   143 ≈ _____

250 ≈ _____   265 ≈ _____   297 ≈ _____   983 ≈ _____

2. Runde auf Zehner.

a) 408 ≈ _____   b) 412 ≈ _____   c) 449 ≈ _____   d) 363 ≈ _____

442 ≈ _____   418 ≈ _____   498 ≈ _____   945 ≈ _____

476 ≈ _____   469 ≈ _____   401 ≈ _____   553 ≈ _____

3. Runde auf Tausender.

a) 7 700 ≈ _____   b) 3 420 ≈ _____   c) 5 194 ≈ _____   d) 22 321 ≈ _____

2 900 ≈ _____   5 860 ≈ _____   4 802 ≈ _____   18 879 ≈ _____

6 100 ≈ _____   4 497 ≈ _____   7 518 ≈ _____   37 185 ≈ _____

4. Überschlage. Verbinde mit dem richtigen Ergebnis.

a) 49 + 39   b) 28 + 55   c) 67 + 19

68 88 108   83 91 93   76 82 86

d) 190 + 130   e) 470 + 380   f) 260 + 550

220 260 320   750 850 950   710 730 810

Schriftliches Addieren

① Schreibe die Zahlen richtig untereinander:
Einer unter Einer, Zehner unter Zehner, …

② Addiere von rechts nach links einzeln:
zuerst die Einer, dann die Zehner, …

③ Entsteht ein Übertrag, schreibe ihn unten
in die nächste linke Stelle.

183 + 152 = ?
Ü: 180 + 150 = 330

	1	8	3
+	1	5	2
		1	
	3	3	5

5. Überschlage zuerst. Berechne danach das genaue Ergebnis.

a) 298 + 105 = _____
   Ü: 300 + 100 = _____

b) 414 + 287 = _____
   Ü: ____ + ____ = ____

c) 319 + 392 = _____
   Ü: ____ + ____ = ____

	2	9	8
+	1	0	5

6. Schreibe untereinander und addiere.

a) 763 + 138
b) 609 + 98
c) 95 + 408

7. Überschlage zuerst. Berechne danach das genaue Ergebnis.

a) 5069 + 2205 = _____
   Ü: 5000 + 2000 = _____

b) 1987 + 3048 = _____
   Ü: ____ + ____ = ____

c) 7012 + 1929 = _____
   Ü: ____ + ____ = ____

	5	0	6	9
+	2	2	0	5

8. a) 2751 + 3893
b) 284 + 5239
c) 2075 + 750

9. Bilde mindestens 4 Additionsaufgaben. Die Summe soll kleiner als 3000 sein.

2167, 1755, 984, 1660, 1096, 768

Addieren und Subtrahieren   SB S. 50–51   29

10. Überschlage. Verbinde mit dem richtigen Ergebnis.

a) 2309 + 7654   b) 4114 + 3636   c) 5930 + 987

7073   9963   8893   7750   5010   9160   6037   6917   6997

11.

a)
	1	6	8	2
+	3	3	5	3
+		2	3	9

b)
		5	0	4
+	3	6	5	7
+		3	2	0

c)
	6	1	7	2
+		2	1	4
+	1	6	2	3

d)
	2	3	6	5
+	1	8	9	0
+	3	2	4	1

12. Wo waren am Wochenende die meisten Besucher?
Überschlage zuerst. Berechne dann die genauen Summen.

ZOO
Fr 2854
Sa 3018
So 3901

MUSEUM
Fr 2027
Sa 1181
So 2432

Schwimmbad
Fr 2647
Sa 3115
So 3793

A: _____

13. Am Freitag wurden 2180 Eintrittskarten für das Pop-Konzert verkauft.
Am Samstag kamen noch 2250 verkaufte Eintrittskarten hinzu.
Wie viele Eintrittskarten wurden an beiden Tagen insgesamt verkauft?

A: _____

14. Welche Fragen kannst du beantworten? Kreuze an.

Am Freitag hatten wir 3560 Besucher.
Am Samstag kamen sogar 195 Besucher mehr.

 Wie viele Personen besuchten den Freizeitpark am Samstag?

 Wie viele Besucher kamen am Freitag und am Samstag insgesamt?

 Wie viele Besucher hatten freien Eintritt?

Schriftliches Subtrahieren

> **Schriftliches Subtrahieren**
> ① Schreibe die Zahlen richtig untereinander:
>   Einer unter Einer, Zehner unter Zehner, …
> ② Subtrahiere von rechts nach links:
>   zuerst die Einer, dann die Zehner, …
> ③ Entsteht ein Übertrag, schreibe ihn unten
>   in die nächste linke Stelle.
>
> 318 – 195 = ?
> Ü: 320 – 200 = 120
>
> | | 3 | 1 | 8 |
> |---|---|---|---|
> | – | 1 | 9 | 5 |
> | | | 1 | |
> | | 1 | 2 | 3 |

1. Überschlage zuerst. Berechne danach das genaue Ergebnis.

a) 513 – 295 = _____   b) 892 – 126 = _____   c) 406 – 288 = _____

Ü: 500 – 300 = _____   Ü: ___ – ___ = ___   Ü: ___ – ___ = ___

	5	1	3
–	2	9	5

2. Schreibe untereinander und subtrahiere.

a) 424 – 219
b) 513 – 62
c) 651 – 308

3. Überschlage zuerst. Berechne danach das genaue Ergebnis.

a) 4961 – 1205 = _____   b) 6103 – 3897 = _____   c) 3098 – 978 = _____

Ü: 5000 – 1000 = ____   Ü: ___ – ___ = ___   Ü: ___ – ___ = ___

	4	9	6	1
–	1	2	0	5

4. a) 5892 – 2729
b) 3952 – 1860
c) 9274 – 891

5. Bilde mindestens 4 Subtraktionsaufgaben. Die Differenz soll kleiner als 5000 sein.

Zahlen im Sack: 3421, 7349, 4058, 1276, 863, 2105

Addieren und Subtrahieren SB S. 52–53   31

6. Überschlage. Verbinde mit dem richtigen Ergebnis.

a) 5618 – 3328   b) 6234 – 1522   c) 4082 – 2906

1980   2290   2970   3972   4552   4712   996   1176   2006

7. Subtrahiere. Die Lösungen stehen auf den Kärtchen. Eine Zahl bleibt übrig.

a)
| 3 2 5 0 | 7 3 9 2 | 3 1 9 7 | 4 7 2 2 |
| − 2 8 3 1 | − 7 2 3 2 | − 2 7 3 5 | − 3 1 5 7 |

160   462   1565   419   1162

b)
| 9 4 7 2 | 7 0 4 5 | 9 2 7 4 | 8 8 0 9 |
| − 1 7 8 4 | − 4 6 2 3 | − 5 4 6 9 | − 4 2 3 5 |

2422   4104   7688   3805   4574

8. Welche Fragen kannst du beantworten? Kreuze an.

Insgesamt hatte ich 450 Eintrittskarten. Ich habe schon 317 Karten verkauft.

○ Wie viel Euro kosten 317 Eintrittskarten?

○ Wie viele Eintrittskarten hat Herr Thiel noch?

○ Wie viele Eintrittskarten hat Herr Thiel verkauft?

9. Am Freitag wurden 956 Eintrittskarten verkauft.
Am Samstag wurden 883 Eintrittskarten verkauft.
Wie viele Karten weniger wurden am Samstag verkauft?

A: _____

10. Am Sonntag wurden im Erlebnispark 4121 Besucher gezählt.
Am Montag kamen 1350 Besucher weniger.
Wie viele Personen besuchten den Erlebnispark am Montag?

A: _____

11. Schreibe eine Rechengeschichte zur Aufgabe.
Notiere dazu Frage, Rechnung und Antwort.

1451 – 326

Am Mittwoch fuhren 1451 Personen mit der Wasserbahn.

Am Donnerstag _____

F: _____

A: _____

Addieren und Subtrahieren

1. Die Zahlen in jedem Stockwerk ergeben zusammen die Zahl im Dach.

a)
1000	
700	
	200
100	
	500
400	

b)
1000	
920	
	990
930	
	940
950	

c)
1000	
350	
	450
850	
	250
50	

d)
1000	
490	
	710
560	
	620
270	

2. Trage die Buchstaben bei den Lösungszahlen ein. Du erhältst ein Lösungswort.

a) 24 + 17 = _____ I
35 + 12 = _____ S
57 + 25 = _____ R
49 + 32 = _____ A

b) 36 − 18 = _____ E
52 − 31 = _____ L
64 − 35 = _____ E
95 − 55 = _____ N

c) 18 + 32 = _____ P
66 + 26 = _____ K
71 − 32 = _____ B
43 − 24 = _____ R

18	19	21	29	39	40	41	47	50	81	82	92

3. Rechne aus und vergleiche die Ergebnisse.

a) 450 − (20 + 80) = _____
450 − 20 + 80 = _____ = _____

b) 500 − (150 − 100) = _____
500 − 150 − 100 = _____ = _____

c) 630 − (40 + 60) = _____
630 − 40 + 60 = _____ = _____

4. Wähle deinen Rechenweg.

a) 430 + 380 + 70 = _____
b) 260 + 480 + 20 = _____
c) 185 + 540 + 15 = _____
d) 111 + 598 + 2 = _____
e) 116 + 110 + 14 = _____
f) 432 + 205 + 18 = _____

5. Überschlage. Verbinde mit dem richtigen Ergebnis.

a) 713 + 104
b) 294 + 187
c) 552 − 308

907 817 847   501 497 481   306 244 344

Addieren und Subtrahieren SB S. 57–59 TRAINER 33

6. Addiere. Die Lösungen stehen auf den grünen Kärtchen. Eine Zahl bleibt übrig.

a)
```
    6 0 5
  + 2 7 8
  ───────
```
b)
```
    7 1 8
  + 1 4 5
  ───────
```
c)
```
  3 6 3 5
  + 3 1 6 4
  ─────────
```
d)
```
  4 7 7 8
  + 1 0 9 4
  ─────────
```

863   883   993   5872   6799

7. Addiere 3 Summanden. Die Lösungen stehen auf den blauen Kärtchen.

a)
```
    2 4 5
    1 2 3
  +   5 9
  ───────
```
b)
```
      8 3
    4 6 8
  +     9
  ───────
```
c)
```
  7 8 3 2
    8 7 3
  +   7 1 4
  ─────────
```
d)
```
  3 0 4 3
    2 1 6 0
  + 1 8 0 5
  ─────────
```

427   560   7008   8618   9419

8. Subtrahiere. Die Lösungen stehen auf den gelben Kärtchen.

a)
```
    4 2 3
  − 1 1 9
  ───────
```
b)
```
    2 3 7
  −   8 2
  ───────
```
c)
```
  8 0 3 8
  − 5 9 2 8
  ─────────
```
d)
```
  7 5 2 3
  − 4 3 6 2
  ─────────
```

155   234   304   2110   3161

9. Bilde jeweils mindestens 3 Aufgaben (+ oder −). Das Ergebnis soll kleiner als 350 sein.

a) 520, 66, 187, 333
b) 137, 198, 123, 405
c) 92, 451, 190, 386, 156
d) 610, 500, 76, 184, 289

10. Im Kopf oder schriftlich? Notiere die Ergebnisse.

a) 400 + 320 = _____   b) 248 − 194 = _____   c) 2105 + 805 = _____

135 + 357 = _____   575 − 475 = _____   3456 − 298 = _____

EINSTIG — SB S. 62–63

3 | Grundlagen der Geometrie

In diesem Kapitel lernst du, ...

... wie du Strecken, Strahlen und Geraden unterscheidest.

... wie du mit dem Geodreieck parallele und senkrechte Linien zeichnest.

... wie du den Abstand von Punkten und Geraden bestimmst.

... was ein Koordinatensystem ist und wie du Punkte abliest und einzeichnest.

... wie du Figuren spiegelst und verschiebst.

... wie du eine dynamische Geometriesoftware nutzt.

Wie sind die Bretter in einem Regalsystem angeordnet? Erkennst du Formen, die sich wiederholen?

Grundlagen der Geometrie

Strecke, Strahl und Gerade

Eine **Strecke** hat einen Anfangspunkt und einen Endpunkt.	Ein **Strahl** hat einen Anfangspunkt und keinen Endpunkt.	Eine **Gerade** hat keinen Anfangspunkt und keinen Endpunkt.

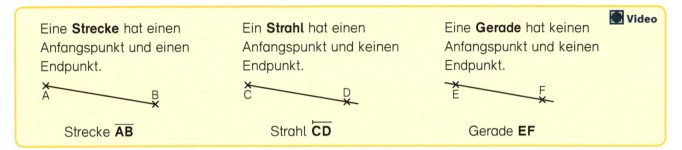

Strecke $\overline{AB}$ — Strahl $\overrightarrow{CD}$ — Gerade EF

1. Strecke, Strahl oder Gerade? Trage in die Tabelle ein.

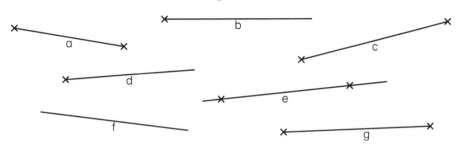

Strecke	a,
Strahl	
Gerade	

2. Zeichne die Strecken. Miss ihre Länge und trage sie in die Tabelle ein.

Strecke	Länge
$\overline{AB}$	cm
$\overline{BC}$	
$\overline{CD}$	
$\overline{DE}$	
$\overline{EF}$	
$\overline{AF}$	

3. Zeichne die Strecke mit der angegebenen Länge.

a) 6 cm

b) 5,3 cm

c) 3,5 cm

d) 8,9 cm

e) 10,2 cm

f) 12,4 cm

Zueinander senkrechte und parallele Geraden

So entsteht ein rechter Winkel:

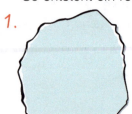
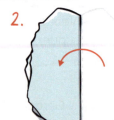

> Die beiden Geraden bilden einen **rechten Winkel.**
>
> Sie sind zueinander **senkrecht** (orthogonal).
>
> Du schreibst: a ⊥ b (a ist senkrecht zu b)

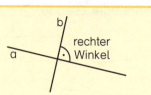

1. Kennzeichne rechte Winkel mit . Wie viele rechte Winkel hat jede Figur?

a) 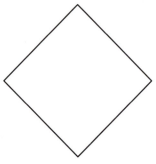   b) 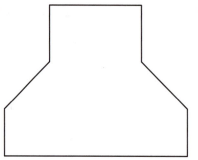   c)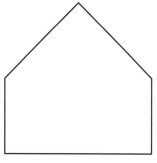

_____ rechte Winkel   _____ rechte Winkel   _____ rechte Winkel

---

TIPP

So prüfst du mit dem Geodreieck, ob Geraden zueinander senkrecht sind.

1. Möglichkeit   2. Möglichkeit

2. Welche Geraden sind zueinander senkrecht? Prüfe mit dem Geodreieck.
Färbe Geraden, die zueinander senkrecht sind, in der gleichen Farbe.

a) 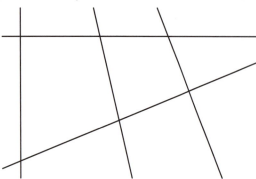   b)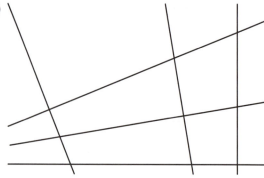

Grundlagen der Geometrie

So entstehen parallele Linien:

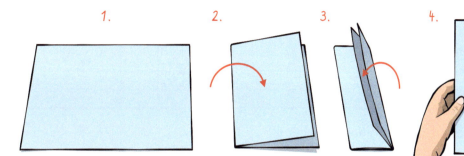

Parallele Geraden haben überall den gleichen Abstand.

Sie treffen sich nicht.

Du schreibst: a ∥ b (a ist parallel zu b)

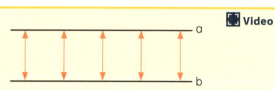

3. Färbe parallele Strecken in der gleichen Farbe.

a) 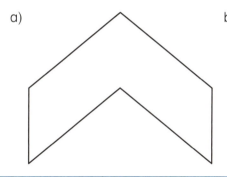   b) 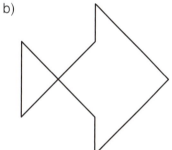   c)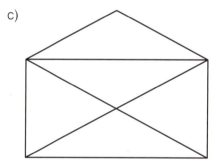

4. Prüfe mit dem Geodreieck, welche Geraden zueinander parallel sind.
Färbe Geraden, die zueinander parallel sind, in der gleichen Farbe.

TIPP
So prüfst du mit dem Geodreieck, ob Geraden zueinander parallel sind.

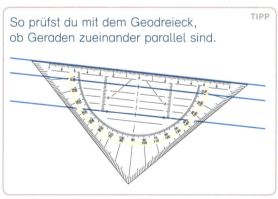

a)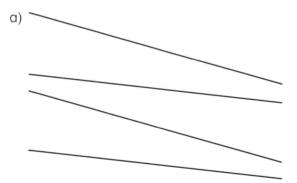

b) 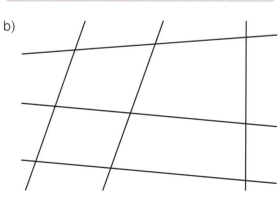   c)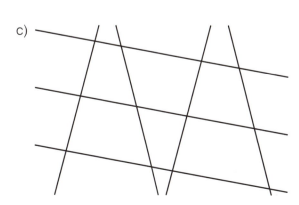

Zueinander senkrechte Geraden mit dem Geodreieck zeichnen

So zeichnest du eine
senkrechte Gerade (**Senkrechte**)
zur Geraden g durch den Punkt P:

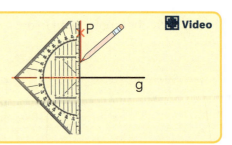

5. Zeichne die Senkrechte zur Geraden g durch den Punkt P.

a)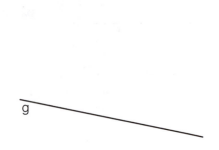

b)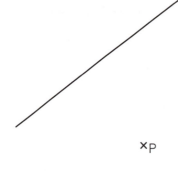

c)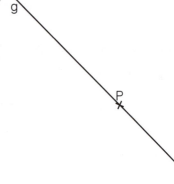

Zueinander parallele Geraden mit dem Geodreieck zeichnen

So zeichnest du eine
parallele Gerade (**Parallele**)
zur Geraden g durch den Punkt P:

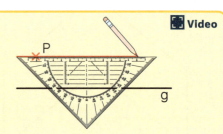

6. Zeichne die Parallele zur Geraden g durch den Punkt P.

a)

b)

c)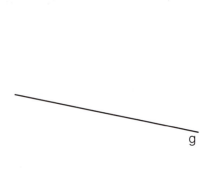

7. Parallel oder senkrecht? Setze ein: ∥ oder ⊥

a ☐ b

b ☐ c

d ☐ e

a ☐ d

e ☐ a

Grundlagen der Geometrie

Abstand

Der Abstand ist die kürzeste Entfernung zwischen einem Punkt und einer Geraden.

Der Abstand ist die kürzeste Entfernung zwischen zwei Geraden.

1. Zeichne mit dem Geodreieck die kürzeste Strecke zwischen Insel und Küste ein.

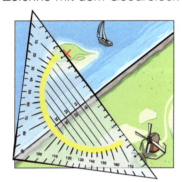 a)  b)

2. Zeichne die Senkrechten zur Geraden g durch die Punkte A, B und C.
Miss den Abstand jedes Punktes von der Geraden g.

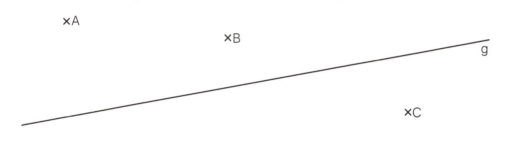

Abstand von …

A und g: _____ cm

B und g: _____ cm

C und g: _____ cm

3. Zeichne Punkte mit dem angegebenen Abstand zur Geraden g.

A: 3,5 cm   B: 2,5 cm   C: 1,5 cm   D: 1 cm

4. Bestimme den Abstand der parallelen Geraden wie im Bild.

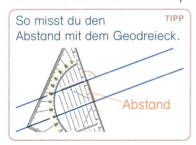

TIPP
So misst du den Abstand mit dem Geodreieck.

a)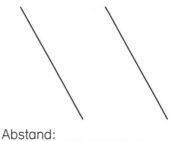

Abstand: _____

b)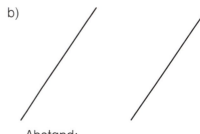

Abstand: _____

Das Koordinatensystem

Ein **Koordinatensystem** besteht aus einer **x-Achse** (Rechtsachse) und einer **y-Achse** (Hochachse).
Der **Ursprung** ist der gemeinsame Anfangspunkt der beiden Achsen, er hat die Koordinaten (0|0).

Ein Punkt wird durch zwei Koordinaten (x|y) genau beschrieben. In der Abbildung hat der Punkt P die Koordinaten (3|2).

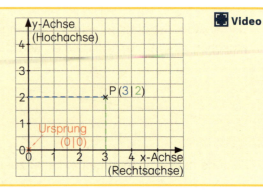

1. Von jedem Punkt ist nur eine Koordinate angegeben. Ergänze die fehlenden Koordinaten.

a)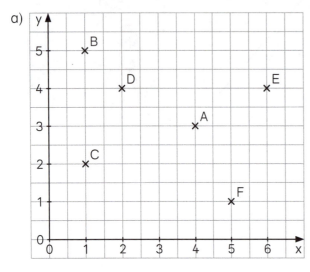

A (4 | ___), B (___ | 5), C (___ | 2),

D (2 | ___), E (6 | ___), F (5 | ___)

b)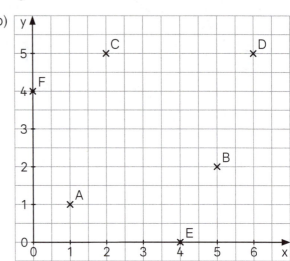

A (1 | ___), B (___ | 2), C (2 | ___),

D (___ | 5), E (___ | 0), F (0 | ___)

2. Bei einer Ausgrabung werden Fundorte in ein Koordinatensystem eingetragen. Notiere die Koordinaten.

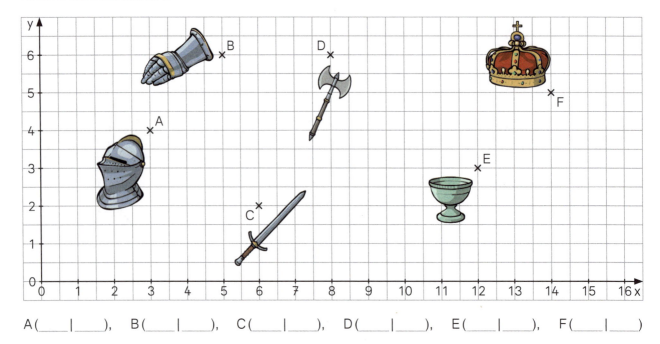

A (___ | ___), B (___ | ___), C (___ | ___), D (___ | ___), E (___ | ___), F (___ | ___)

Grundlagen der Geometrie

3. a) Auf der Insel sind Schätze versteckt.
Trage die Punkte in die Karte ein.

A(3|5), B(6|5), C(2|2), D(6|3),

E(1|5), F(4|4), G(2|4), H(4|2)

b) Eine Reise von Insel zu Insel: Trage die
Punkte ein und verbinde sie der Reihe nach.

A(1|3), B(2|2), C(3|4), D(4|2),

E(5|3), F(6|4), G(6|6), H(2|6)

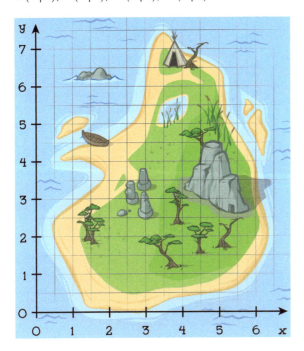
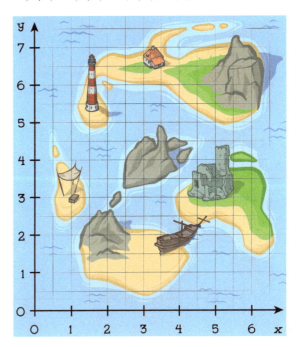

4. Trage die Punkte in das Koordinatensystem ein und verbinde sie der Reihe nach.

a) A(1|2), B(2|1), C(6|1), D(6|2),

E(4|2), F(4|8), G(5|7), H(4|7),

I(6|3), J(2|3), K(3|5), L(4|6)

b) A(3|3), B(3|1), C(1|1), D(1|6),

E(2|8), F(3|6), G(4|8), H(5|6),

I(6|8), J(6|1), K(4|1), L(4|3)

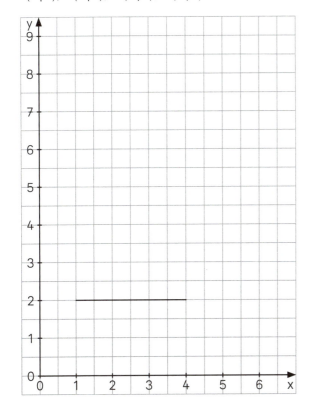
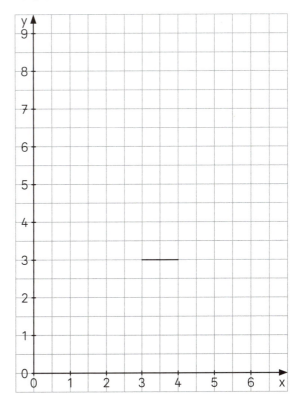

5. a) Bestimme die Koordinaten der Punkte A, B und C.

b) Zeichne die Gerade g durch die Punkte A und B.

c) Zeichne die Parallele und die Senkrechte zur Geraden g durch den Punkt C.

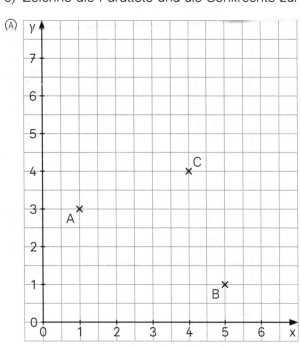

Ⓐ A(___|___), B(___|___), C(___|___)

Ⓑ A(___|___), B(___|___), C(___|___)

---

6. Trage die Punkte A, B und C in das Koordinatensystem ein.

a) Zeichne die Gerade durch die Punkte A und B.

b) Miss den Abstand des Punktes C von der Geraden AB.

A(1|1), B(6|4), C(1|6)

A(4|6), B(6|1), C(1|2)

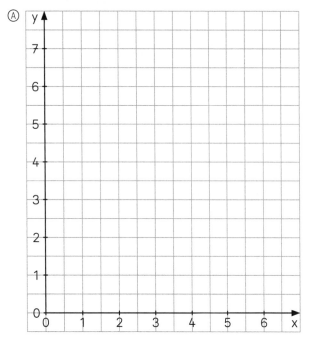
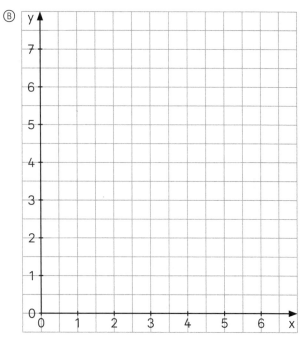

Abstand: _____ cm

Abstand: _____ cm

Grundlagen der Geometrie — SB S. 77 — BLEIB FIT — 43

Wiederholungsaufgaben

Die Lösungen ergeben die Namen von Obstsorten.

1. a) 17 + 7 = _____
    57 − 8 = _____
    5 · 5 = _____
    16 : 2 = _____

   b) 31 + 18 = _____
    59 − 20 = _____
    9 · 7 = _____
    49 : 7 = _____

   c) 230 + 55 = _____
    210 − 10 = _____
    10 · 12 = _____
    81 : 9 = _____

1. a)				1. b)				1. c)			

2. Gib den Vorgänger oder den Nachfolger an.

   a) 62 < _____
    299 < _____

   b) _____ < 100
    _____ < 261

   c) 3836 < _____
    _____ < 3847

2. a)		2. b)		2. c)	

3. Wie heißen die Zahlen?

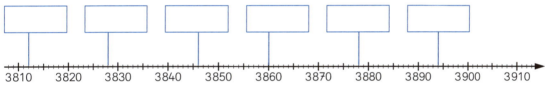

3.					

4. Beachte die Rechenregeln.

   a) 52 − 20 + 2 =
    _____ = _____

   b) 52 − (20 + 2) =
    _____ = _____

   c) 95 − (20 − 5) =
    _____ = _____

5. a)   2 5 3
   + 3 6 2 5

   b)   1 2 3 8
   + 2 6 0 8

   c)   6 9 5 9
   − 3 1 2 2

   d)   5 0 6 9
   − 1 2 2 3

4. a)	4. b)	4. c)	5. a)	5. b)	5. c)	5. d)

E	7
D	8
N	9
H	24
I	25
E	30
M	34
L	39
E	49
B	63
L	80
R	99
E	120
R	200
N	260
E	285
I	300
M	3812
A	3828
E	3837
N	3846
G	3860
O	3878
S	3894

Achsensymmetrie und Achsenspiegelung

Wenn du eine Figur entlang einer Linie so falten kannst, dass die beiden Hälften genau aufeinander liegen, dann ist die Figur **achsensymmetrisch**.
Die Faltlinie nennt man **Symmetrieachse**. Eine Figur kann auch mehrere Symmetrieachsen haben.

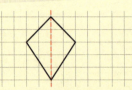   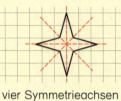

eine Symmetrieachse   zwei Symmetrieachsen   vier Symmetrieachsen   keine Symmetrieachse

1. Welche Figuren sind achsensymmetrisch? Kreuze an und trage alle Symmetrieachsen ein.

a)  b)  c)  d)

2. Ergänze zu einer achsensymmetrischen Figur.

a) 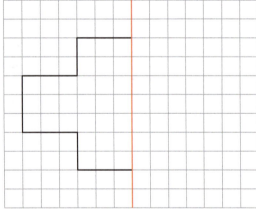   b)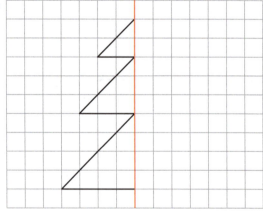

c) 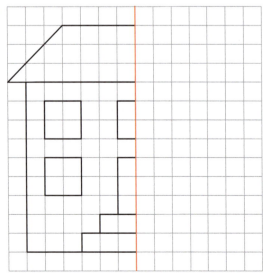   d)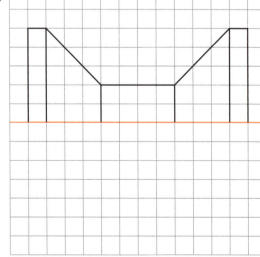

Grundlagen der Geometrie

Achsensymmetrische Bilder entstehen durch eine **Achsenspiegelung**.
So spiegelst du einen Punkt P an einer Spiegelachse s:

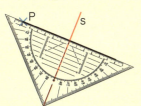

Lege das Geodreieck mit der Mittellinie auf die Spiegelachse.

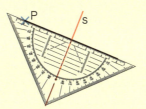

Miss den Abstand von P zur Spiegelachse.

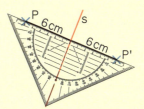

Trage den **Bildpunkt P'** im selben Abstand auf der anderen Seite ein.

1. Spiegle die Punkte an der Spiegelachse s.

a)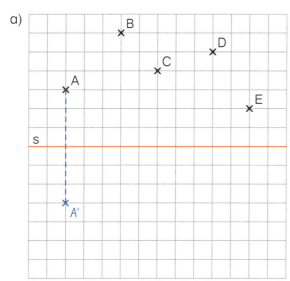

b)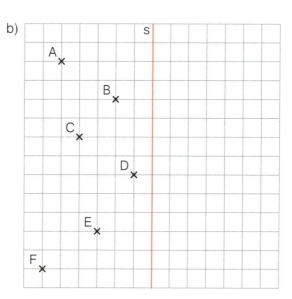

2. Spiegle die Figur an der Spiegelachse s.

a)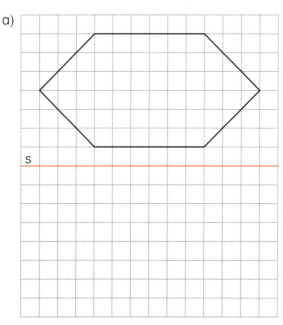

b)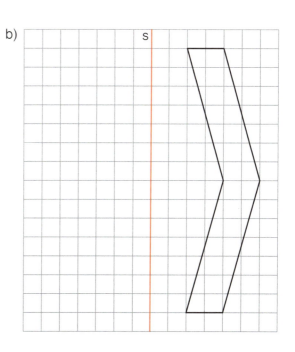

Zeichnen mit dynamischer Geometriesoftware

Mit einer dynamischen Geometriesoftware (DGS) kannst du Punkte, Strahlen, Strecken und Figuren zeichnen. Du kannst auch parallele und senkrechte Geraden zeichnen und Figuren spiegeln.

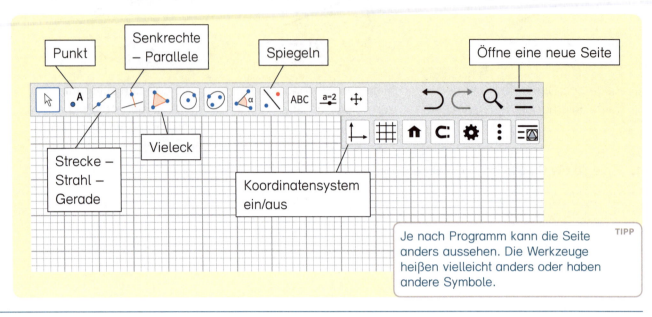

TIPP Je nach Programm kann die Seite anders aussehen. Die Werkzeuge heißen vielleicht anders oder haben andere Symbole.

1. So bereitest du die Zeichenfläche vor. Wenn du einen Schritt erledigt hast, setze ein Häkchen.

ANLEITUNG
- ☐ Klicke rechts oben auf die Schaltfläche ≡
- ☐ Wähle das Symbol
- ☐ Klicke nun auf
- ☐ Klicke auf die Schaltflächen und erkunde ihre Funktionen.

Mit ↶ machst du deine letzten Schritte rückgängig.
Starte jede Aufgabe mit einer leeren Zeichenfläche.

2. So zeichnest du Punkte.

ANLEITUNG
- ☐ Klicke auf die Schaltfläche .ᴬ .
- ☐ Setze Punkte auf die Zeichenfläche.

3. So zeichnest du eine Gerade durch die Punkte A und B.

ANLEITUNG
- ☐ Klicke auf die Schaltfläche und
- ☐ dann nacheinander auf die Punkte.

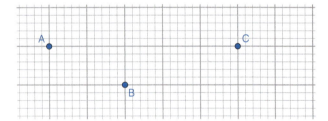

Mit Klicken auf die Schaltfläche kannst du auch einen Strahl oder eine Strecke zeichnen.

Klicke danach auf Strahl oder auf Strecke und dann nacheinander auf zwei Punkte.

Grundlagen der Geometrie SB S. 82–83 PROJEKT 47

4. So zeichnest du eine Strecke mit der Länge 5.

ANLEITUNG
- [ ] Klicke auf die Schaltfläche ✎.
- [ ] Wähle dann [Strecke mit fester Länge].
- [ ] Klicke auf einen Punkt.
- [ ] Gib im Fenster für die Länge den Wert 5 ein.

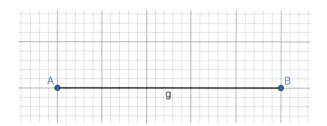

5. So zeichnest du zu einer Geraden die parallele Gerade durch einen Punkt.

ANLEITUNG
- [ ] Zeichne die Gerade AB.
- [ ] Zeichne einen Punkt C, der nicht auf der Geraden liegt.
- [ ] Wähle nun [parallele Gerade].
- [ ] Klicke auf die Gerade und auf den Punkt C.

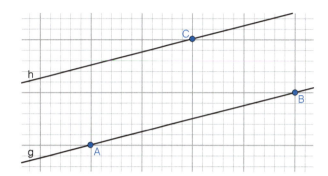

6. So zeichnest du zu einer Geraden die senkrechte Gerade durch einen Punkt.

ANLEITUNG
- [ ] Zeichne die Gerade AB.
- [ ] Zeichne einen Punkt C, der nicht auf der Geraden liegt.
- [ ] Wähle nun [senkrechte Gerade].
- [ ] Klicke auf die Gerade und auf den Punkt C.

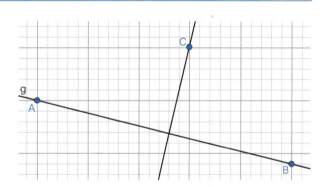

7. So zeichnest du Dreiecke und Vierecke.

ANLEITUNG
- [ ] Wähle das Werkzeug △.
- [ ] Zeichne nacheinander die Eckpunkte und klicke dann erneut auf den ersten Eckpunkt.
- [ ] Zeichne verschiedene Dreiecke.
- [ ] Zeichne verschiedene Rechtecke.

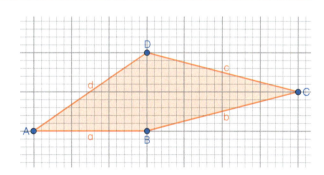

8. So spiegelst du eine Figur an einer Geraden.

ANLEITUNG
- [ ] Zeichne ein Viereck.
- [ ] Zeichne eine Gerade.
- [ ] Wähle nun ⟋.
- [ ] Klicke auf das Viereck und auf die Gerade.

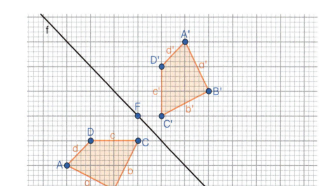

Die Verschiebung

Eine **Verschiebung** wird durch einen Pfeil bestimmt.

Der Pfeil gibt an, **in welche Richtung und wie weit** die Figur verschoben wird.

Beschreibung in Worten:
„Verschiebung um 4 Kästchen nach rechts."

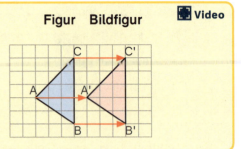

1. Wie wurde die Figur verschoben? Ergänze.

a)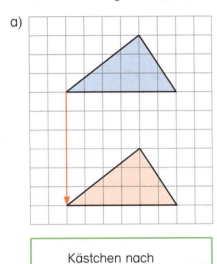

____ Kästchen nach _____

b)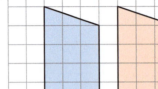

____ Kästchen nach _____

c)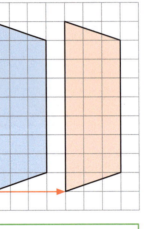

____ Kästchen nach _____

2. Verschiebe die Figur mit dem Verschiebungspfeil.

a)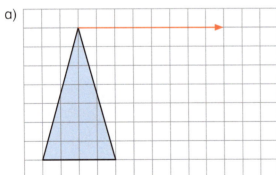

b)

c)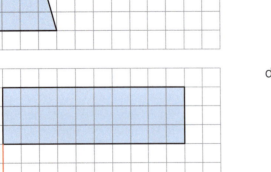

d)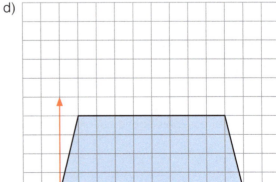

Grundlagen der Geometrie — SB S. 84–85 — 49

> **TIPP**
> Der Verschiebungspfeil muss nicht entlang der Kästchen verlaufen.
>
> Beschreibung in Worten:
>
> „Verschiebung um
> 7 Kästchen nach rechts,
> 3 Kästchen nach unten."
>
>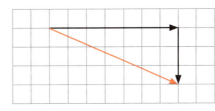

3. Wie wurde die Figur verschoben? Ergänze.

a)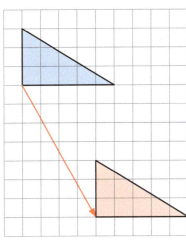

b)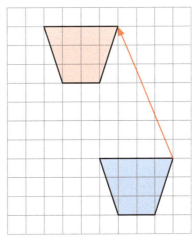

c)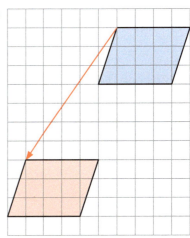

____ Kästchen nach _____   ____ Kästchen nach _____   ____ Kästchen nach _____

____ Kästchen nach _____   ____ Kästchen nach _____   ____ Kästchen nach _____

4. Verschiebe die Figur mit dem Verschiebungspfeil.

a)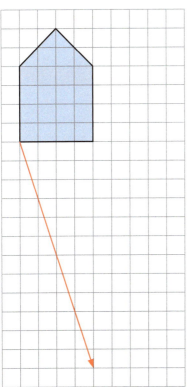

b)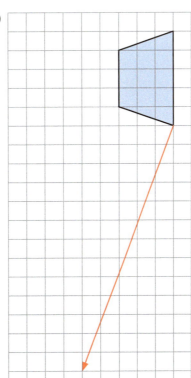

c)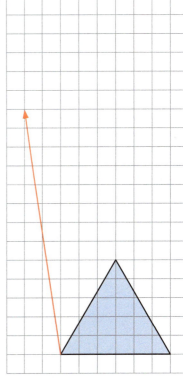

1. Parallel oder senkrecht? Setze ein: ∥ oder ⊥

a ☐ b
b ☐ c
a ☐ c
d ☐ e
e ☐ d

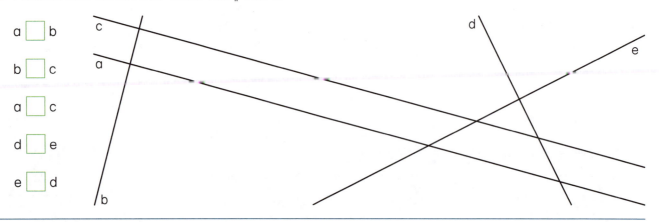

2. Zeichne die Senkrechte und die Parallele zur Geraden durch den Punkt P.

a)   b)   c)

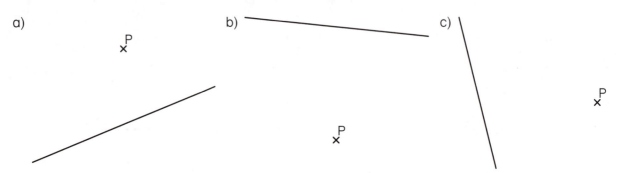

3. Wie weit sind die Kugeln vom roten Rand entfernt?
Zeichne die Senkrechten ein und miss den Abstand.

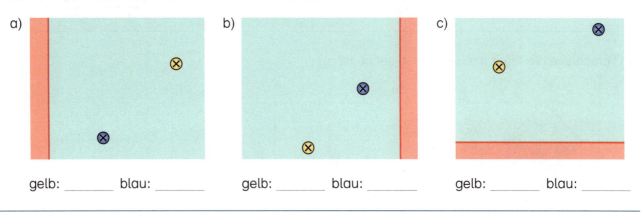

a) gelb: _____ blau: _____   b) gelb: _____ blau: _____   c) gelb: _____ blau: _____

4. Miss den Abstand der beiden parallelen Geraden g und h.

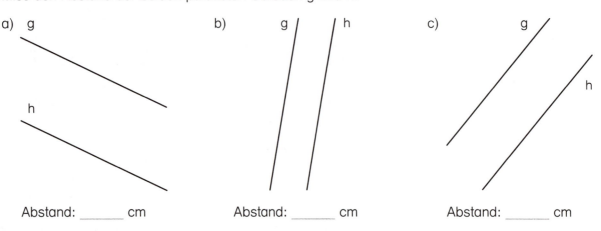

a) Abstand: _____ cm   b) Abstand: _____ cm   c) Abstand: _____ cm

5. Ergänze zu einer achsensymmetrischen Figur.

a)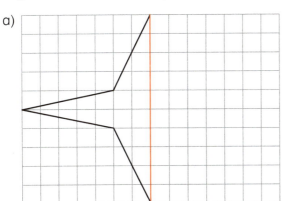
b)

6. a) Trage die Punkte A, B und C in das Koordinatensystem ein und verbinde sie.
b) Spiegle die Figur an der Spiegelachse s.
c) Notiere die Koordinaten der Bildpunkte A', B' und C'.

Ⓐ A(1|1), B(2|2), C(1|5)

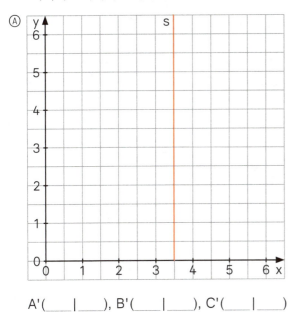

A'(___|___), B'(___|___), C'(___|___)

Ⓑ A(1|3), B(6|4), C(3|5)

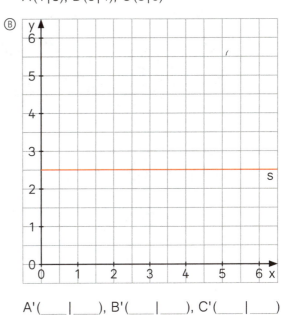

A'(___|___), B'(___|___), C'(___|___)

7. Verschiebe die Figur mit dem Verschiebungspfeil.

a)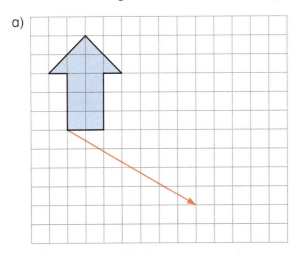
b)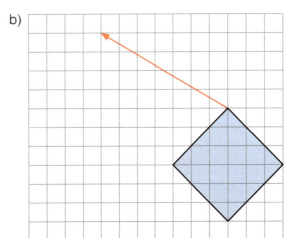

4 | Multiplizieren und Dividieren

Wie teuer ist eine Tour mit den Canadier-Booten?
Ist es günstiger, wenn deine Klasse statt 3er-Canadiern 4er- oder 5er-Canadier ausleiht?

In diesem Kapitel lernst du, ...

... wie du im Kopf multiplizierst und dividierst.

... wie du schriftlich multiplizierst und dividierst.

... wie du beim Multiplizieren und Dividieren Rechenvorteile nutzt.

... wie du Sachaufgaben zum Multiplizieren und Dividieren löst.

CANADIER-VERLEIH

Canadier 3er	21 €
Canadier 4er	26 €
Canadier 5er	30 €

(Leihgebühr für jeweils 4 Stunden)

Multiplizieren und Dividieren

Natürliche Zahlen multiplizieren und dividieren

Die **Multiplikation** (**Mal**rechnen)
Faktor · Faktor = Produkt
8 · 6 = 48
Das **Produkt** der Faktoren 8 und 6 ist 48.
Rechnen mit Null: 0 · 8 = 0   8 · 0 = 0

Die **Division** (**Geteilt**rechnen)
Dividend : Divisor = Quotient
48 : 6 = 8
Der **Quotient** der Zahlen 48 und 6 ist 8.
0 : 8 = 0   ~~8 : 0~~ (geht nicht!)

1. Vervollständige die Rechnung und den Antwortsatz.

F: Wie viel Euro kosten 4 Karten insgesamt?
R: 8 + 8 + 8 + 8 =
   4 · 8 = _____
A: 4 Karten kosten insgesamt _____ €.

2. Schreibe als Produkt und berechne.

a)

4 + 4 + 4 =

3 · 4 = _____

b)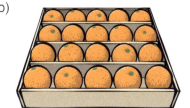

5 + 5 + 5 + 5 =

_____

c)

6 + 6 + 6 + 6 + 6 =

_____

3. Notiere beide Aufgaben mit Ergebnis.

a)    b)   c)    d)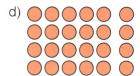

3 · 5 = _____   _____   _____   _____

5 · 3 = _____   _____   _____   _____

4. Notiere immer vier Aufgaben mit Ergebnis.

a)    b)    c)   d)

2 · 4 = _____   _____   _____   _____

4 · 2 = _____   _____   _____   _____

8 : 4 = _____   _____   _____   _____

8 : 2 = _____   _____   _____   _____

5.
a) 3 · 5 = ____   b) 4 · 2 = ____   c) 5 · 8 = ____   d) 3 · 4 = ____   e) 8 · 6 = ____
   6 · 5 = ____   8 · 2 = ____   3 · 6 = ____   5 · 7 = ____   3 · 9 = ____
   8 · 5 = ____   5 · 2 = ____   4 · 4 = ____   6 · 6 = ____   6 · 7 = ____
   9 · 5 = ____   7 · 2 = ____   6 · 2 = ____   4 · 8 = ____   9 · 4 = ____

6. a) Verdoppele die Zahlen.   b) Halbiere die Zahlen.

6	3	4	5	7	10	9
12						

8	10	16	12	18	20	14

7.
a)
·	2	5	3
4	8		
7			
5			

b)
·	8	6	7
5			
3			
6			

c)
·	9	6	4
2			
9			
7			

8.
a) 5 · ___ = 10   b) 4 · ___ = 12   c) 3 · ___ = 9   d) 6 · ___ = 12   e) 8 · ___ = 16
   5 · ___ = 20   2 · ___ = 10   5 · ___ = 15   8 · ___ = 40   9 · ___ = 18
   5 · ___ = 40   4 · ___ = 20   3 · ___ = 18   7 · ___ = 21   7 · ___ = 7

9. Wie viel Stück sind es insgesamt?

a)

R: _____
Insgesamt: ____ Stück

b)

R: _____
Insgesamt: ____ Stück

c)

R: _____
Insgesamt: ____ Stück

10.
a) 2 · 11 = ____   b) 2 · 12 = ____   c) 2 · 14 = ____   d) 1 · 13 = ____   e) 8 · 11 = ____
   3 · 11 = ____   4 · 12 = ____   1 · 14 = ____   7 · 11 = ____   0 · 19 = ____
   5 · 11 = ____   3 · 12 = ____   0 · 14 = ____   0 · 16 = ____   1 · 15 = ____

Multiplizieren und Dividieren SB S. 96–99   55

11. a) 15 : 5 = ____ b) 20 : 4 = ____ c) 40 : 8 = ____ d) 24 : 4 = ____ e) 7 : 7 = ____

10 : 2 = ____ 12 : 3 = ____ 16 : 4 = ____ 14 : 7 = ____ 30 : 5 = ____

6 : 2 = ____ 18 : 2 = ____ 36 : 6 = ____ 24 : 8 = ____ 36 : 9 = ____

8 : 4 = ____ 30 : 6 = ____ 35 : 7 = ____ 25 : 5 = ____ 24 : 6 = ____

12. a)

:	3	2
12		
6		
18		

b)

:	6	3
30		
6		
18		

c)

:	4	6
24		
12		
36		

d)

:	4	8
8		
32		
16		

13. a) 49 : 7 = ____ b) 81 : 9 = ____ c) 36 : 4 = ____ d) 63 : 9 = ____ e) 72 : 8 = ____

64 : 8 = ____ 18 : 9 = ____ 56 : 8 = ____ 54 : 6 = ____ 28 : 7 = ____

14.

Wir sind 24 Personen.
Bootsverleih — 4er-Canadier

F: Wie viele Boote werden benötigt?

R: _____

A: _____

15. Vervollständige die Probe und den Antwortsatz.

Wir müssen 32 Flaschen in die Kästen stellen.
Da bleiben aber Flaschen übrig.

F: Wie viele Flaschen bleiben übrig?

R: 32 : 6 = 5 R 2

Probe: 5 · 6 = 30

30 + 2 = ____

A: Es bleiben ____ Flaschen übrig.

16. Bei diesen Aufgaben bleibt ein Rest. Mache die Probe.

a) 14 : 3 = ____ b) 47 : 5 = ____ c) 49 : 9 = ____ d) 34 : 7 = ____

Probe: Probe: Probe: Probe:

_____ _____ _____ _____

_____ _____ _____ _____

Multiplizieren und Dividieren mit Zehnerzahlen

Multiplizieren mit 10, 100, 1 000

Du multiplizierst eine Zahl mit 10, 100, 1 000, indem du 1, 2 oder 3 Nullen anhängst.

37 · 10 = 370   37 · 100 = 3 700

Dividieren durch 10, 100, 1 000

Du dividierst eine Zahl durch 10, 100, 1 000, indem du 1, 2 oder 3 Nullen wegstreichst.

5 400 : 10 = 540   5 400 : 100 = 54

1. Vervollständige die Rechnung und den Antwortsatz.

a)
Von Celle nach Hannover und zurück sind es 100 km. Der Bus fährt die Strecke in der Woche 28-mal.

F: Wie viel Kilometer fährt der Bus in der Woche?

R: 28 · 100 = _____

A: Der Bus fährt _____ km in der Woche.

b)
Mit 10 Fahrten von Hamburg nach Osnabrück und zurück fährt der Zug 3 900 km.

F: Wie viel Kilometer lang ist eine Fahrt hin und zurück?

R: 3 900 : 10 = _____

A: Hin und zurück sind es _____ km.

2. a) 6 · 10 = _____
   6 · 100 = _____
   6 · 1 000 = _____

   b) 8 · 10 = _____
   8 · 100 = _____
   8 · 1 000 = _____

   c) 4 000 : 10 = _____
   4 000 : 100 = _____
   4 000 : 1 000 = _____

   d) 9 000 : 10 = _____
   9 000 : 100 = _____
   9 000 : 1 000 = _____

3. a) 10 · 70 = _____
   10 · 700 = _____

   b) 10 · 90 = _____
   10 · 900 = _____

   c) 600 · 10 = _____
   60 · 10 = _____

   d) 20 · 100 = _____
   20 · 10 = _____

4. a) 10 · 23 = _____
   10 · 47 = _____

   b) 10 · 51 = _____
   10 · 39 = _____

   c) 99 · 10 = _____
   11 · 10 = _____

   d) 85 · 10 = _____
   66 · 10 = _____

5. a)

·	100	10
48		
20		
97		
80		

b)

:	10	100
5 000		
7 300		
8 000		
4 100		

Multiplizieren und Dividieren

6. Vervollständige den Text zum Bild.

Die 3 roten Rosen kosten _____ €. Die 3 Kisten mit Blumen kosten _____ €.

7.
a) 5 · 3 = _____
5 · 30 = _____
5 · 300 = _____

b) 3 · 6 = _____
3 · 60 = _____
3 · 600 = _____

c) 4 · 20 = _____
4 · 200 = _____
4 · 2000 = _____

d) 30 · 3 = _____
300 · 3 = _____
3000 · 3 = _____

8.
a) 40 · 3 = _____
80 · 6 = _____
20 · 9 = _____

b) 4 · 60 = _____
8 · 90 = _____
4 · 80 = _____

c) 4 · 800 = _____
5 · 600 = _____
2 · 400 = _____

d) 300 · 5 = _____
700 · 6 = _____
900 · 3 = _____

9.
a) 14 : 2 = _____
140 : 2 = _____

b) 21 : 3 = _____
210 : 3 = _____

c) 28 : 7 = _____
280 : 7 = _____

d) 32 : 8 = _____
320 : 8 = _____

10.
a) 120 : 6 = _____
270 : 3 = _____
250 : 5 = _____

b) 360 : 4 = _____
420 : 7 = _____
810 : 9 = _____

c) 240 : 8 = _____
540 : 9 = _____
720 : 8 = _____

d) 630 : 9 = _____
640 : 8 = _____
400 : 5 = _____

11. Das Geld wird gerecht verteilt. Notiere die Rechnung mit Ergebnis.

a) 320 €

320 € : 4 = _____ €

b) 120 €

_____

c) 180 €

_____

12. a)

·	4	8	6
200			
500			
600			

b)

:	3	5	6
300			
600			
120			

Rechenregeln

Rechenregeln für gemischte Punkt- und Strichrechnung

① Was in Klammern steht, wird zuerst berechnet.

$7 \cdot (6 + 4) =$
$7 \cdot 10 = 70$

② Punktrechnung (· und :) geht vor Strichrechnung (+ und −).

$15 - 5 \cdot 2 =$
$15 - 10 = 5$

③ Sonst wird von links nach rechts gerechnet.

$9 + 6 - 5 =$
$15 - 5 = 10$

1.
a) $20 + 2 \cdot 3$ = ___ = ___
$(20 + 2) \cdot 3$ = ___ = ___

b) $3 \cdot (5 + 2)$ = ___ = ___
$3 \cdot 5 + 2$ = ___ = ___

c) $5 \cdot 6 + 7$ = ___ = ___
$5 \cdot (6 + 7)$ = ___ = ___

2. Beachte die Rechenregeln.

a) $11 + 4 \cdot 2 =$ ___
$(11 + 4) \cdot 2 =$ ___

b) $(15 - 4) \cdot 2 =$ ___
$15 - 4 \cdot 2 =$ ___

c) $10 : 2 + 3 =$ ___
$10 : (2 + 3) =$ ___

3.
a) $8 + 3 \cdot 2 =$ ___
$9 - 2 \cdot 4 =$ ___
$5 + 5 \cdot 5 =$ ___
$7 - 3 \cdot 0 =$ ___

b) $9 - 6 : 3 =$ ___
$4 + 8 : 2 =$ ___
$5 - 6 : 3 =$ ___
$1 + 9 : 3 =$ ___

c) $3 \cdot 5 + 4 =$ ___
$8 : 2 + 2 =$ ___
$4 \cdot 5 - 6 =$ ___
$7 \cdot 0 + 9 =$ ___

4. Ordne jedem Text einen Rechenausdruck zu. Rechne aus.

Eintritt: 6 €
Popcorn: 3 €
Cola: 2 €

Timo kauft für sich und für seine drei Freunde Kinokarten und je eine Tüte Popcorn.

Lara kauft drei Kinokarten und zwei Cola.

Leo kauft eine Kinokarte, eine Cola und eine Tüte Popcorn. Für seine Freundin kauft er dasselbe.

$3 \cdot 6 + 2 \cdot 2$

$2 \cdot (6 + 2 + 3)$

$4 \cdot 6 + 4 \cdot 3$

Multiplizieren und Dividieren   SB S. 104–105   59

Geschicktes Rechnen

Kommutativgesetz
(Vertauschungsgesetz)
Beim Multiplizieren darfst du
die Zahlen vertauschen.
2 · 14 · 5 = 2 · 5 · 14
  28 · 5 = 10 · 14

Assoziativgesetz
(Verbindungsgesetz)
Beim Multiplizieren darfst du
beliebig Klammern setzen.
4 · (5 · 3) = (4 · 5) · 3
4 ·   15   =   20   · 3

1. Bei welchem Rechenweg rechnest du schneller? Kreuze an und rechne aus.

a) ○ 5 · 37 · 2 =
   ○ 5 · 2 · 37 =
   _____ = _____

b) ○ 2 · 50 · 8 =
   ○ 2 · 8 · 50 =
   _____ = _____

c) ○ 2 · 76 · 5 =
   ○ 2 · 5 · 76 =
   _____ = _____

2. Vertausche die Zahlen und rechne geschickt.

a) 5 · 74 · 2 =
   _____ = _____

b) 2 · 29 · 5 =
   _____ = _____

c) 5 · 43 · 2 =
   _____ = _____

3. Bei welchem Rechenweg rechnest du schneller? Kreuze an und rechne aus.

a) ○ 2 · (5 · 13) =
   ○ (2 · 5) · 13 =
   _____ = _____

b) ○ (50 · 2) · 7 =
   ○ 50 · (2 · 7) =
   _____ = _____

c) ○ 9 · (5 · 20) =
   ○ (9 · 5) · 20 =
   _____ = _____

4. Setze Klammern und rechne geschickt.

a) 5 · 2 · 46 =
   _____ = _____

b) 38 · 5 · 2 =
   _____ = _____

c) 7 · 20 · 5 =
   _____ = _____

5. Wähle deinen Rechenweg.

a) 5 · 2 · 27 =
   _____ = _____

b) 2 · 48 · 5 =
   _____ = _____

c) 18 · 2 · 5 =
   _____ = _____

d) 68 · 5 · 2 =
   _____ = _____

e) 5 · 97 · 2 =
   _____ = _____

f) 20 · 7 · 5 =
   _____ = _____

g) 2 · 50 · 9 =
   _____ = _____

h) 50 · 7 · 2 =
   _____ = _____

i) 3 · 5 · 20 =
   _____ = _____

Lösen von Sachaufgaben

So kannst du Sachaufgaben lösen:

① Lies den Text genau. Bilder und Grafiken geben dir zusätzliche Informationen.

② Notiere die wichtigen Informationen. Notiere, wonach gefragt ist.

③ Notiere die Rechnung und führe sie durch.

④ Notiere eine Antwort. Überprüfe dein Ergebnis.

Video

1. Die 20 Schülerinnen und Schüler der Klasse 5a planen eine Klassenfahrt in den Harz. Sie buchen 6 Übernachtungen mit Verpflegung. Nun sollen die Kosten für jede Person und die Gesamtkosten berechnet werden. Die Klasse entscheidet sich für diese Angebote zu Unterkunft und Fahrt:

   Wanderheim – erst vor 4 Jahren erbaut.
   Der 1141 m hohe Brocken ist von hier aus gut zu erreichen.

   Kosten pro Person
   für einen Tag
   Übernachtung: 18 €
   Verpflegung: 12 €

   Busreise Blitz – Ihr Partner seit 25 Jahren
   Mit unserem modernen Bus dauert die Fahrt nur 2 Stunden und ist ein Vergnügen.

   Hin- und Rückfahrt
   pro Person: 40 €

   a) Vier Zahlen in den Angeboten sind für die Berechnung der Kosten unwichtig. Streiche sie durch.

   b) Wie viel Euro kosten 6 Übernachtungen mit Verpflegung im Wanderheim pro Person?

   R: _____
   A: _____

   Nötige Angaben:
   Übernachtungen: _____
   Kosten im Wanderheim
   für eine Übernachtung mit
   Verpflegung pro Person:
   _____ € + _____ € = _____ €

   c) Wie viel Euro kostet die Klassenfahrt pro Person?

   R: _____
   A: _____

   Nötige Angaben:
   Kosten im Wanderheim
   pro Person: _____ €
   Kosten für den Bus
   pro Person: _____ €

   d) Wie viel Euro kostet die Klassenfahrt für die ganze Klasse?

   R: _____
   A: _____

   Nötige Angaben:
   Anzahl der Personen: _____
   Kosten der Klassenfahrt
   für jede Person: _____ €

Multiplizieren und Dividieren SB S. 106–107

Löwen sind die größten Raubtiere Afrikas.

Männliche Löwen können bis zu 2,50 m lang und 250 kg schwer sein. Die Weibchen wiegen fast 100 kg weniger und werden ungefähr 1,80 m lang.

Löwen schlafen bis zu 20 Stunden am Tag. Sie können 8 m weit springen, um Beute zu erlegen.

In der Wildnis werden Löwen ungefähr 15 Jahre alt. Im Zoo können sie doppelt so alt werden und wiegen bis zu 50 kg mehr. Ein männlicher Löwe im Zoo frisst jeden Tag etwa 6 kg Fleisch, ein Weibchen frisst 2 kg weniger.

2. Welche Fragen kannst du mit den Informationen aus dem Text beantworten? Kreuze an.

○ Wie lange schläft ein Löwe am Tag?

○ Wie viel Liter trinkt ein Löwe täglich?

○ Wie alt werden Löwen im Zoo?

○ Wie viele Junge bekommt ein Löwenweibchen im Jahr?

○ Wie viel Kilogramm Fleisch frisst ein Löwenmännchen täglich?

3. Ergänze die fehlenden Werte.

a) Bei der Jagd springt ein Löwe bis zu _____ weit.

b) Das Löwenmännchen ist bis zu _____ schwerer als das Weibchen.

c) Ein Löwenweibchen im Zoo frisst täglich ungefähr _____ Fleisch.

4. Im Raubtiergehege des Zoos leben 2 Löwenmännchen und 2 Löwenweibchen.

F: Wie viel Kilogramm Fleisch werden täglich verfüttert?

A: _____

5. Zu einem anderen Löwenrudel im Zoo gehören 5 Männchen und 5 Weibchen. Einmal in der Woche wird Fleisch zum Füttern geliefert. 1 kg Fleisch kostet 2 €.

F: _____

A: _____

Wiederholungsaufgaben

Die Lösungen ergeben die Namen von Sportarten.

1. a) 62 + 6 = ____ b) 34 + 20 = ____ c) 43 + 31 = ____
   76 + 4 = ____   42 + 40 = ____   35 + 42 = ____

2. a) 57 − 3 = ____ b) 87 − 30 = ____ d) 85 − 11 = ____
   79 − 4 = ____   44 − 20 = ____   38 − 15 = ____

1. a)	1. b)	1. c)	2. a)	2. b)	2. c)

3. a) Runde auf Zehner.   788 ≈ ____   704 ≈ ____   798 ≈ ____   148 ≈ ____
   b) Runde auf Hunderter. 178 ≈ ____   581 ≈ ____   542 ≈ ____   988 ≈ ____

3. a)				3. b)			

4. Wie heißt die Zahl in der Mitte?

   a)    b) 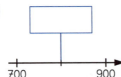   c)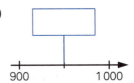

5. Welche Geraden sind parallel?

   ○ a ∥ b (23)
   ○ a ∥ c (24)
   ○ b ∥ c (25)

6. Kann man aus dem Netz einen Würfel falten?

   a) 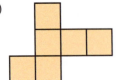   ○ ja (75)   b) 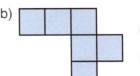   ○ ja (1000)
                              ○ nein (78)   ○ nein (200)

7. Wie heißen die Zahlen?

   a) 6 T + 4 H + 1 Z + 5 E = ____   b) 3 T + 8 Z + 2 E = ____
   c)   4 ZT + 2 T + 3 Z = ____   d) 5 T + 6 H + 9 E = ____
   e)   2 ZT + 4 H + 7 Z = ____   f) 9 ZT + 9 T + 9 E = ____

4. a)	4. b)	4. c)	5.	6. a)	6. b)	7. a)	7. b)	7. c)	7. d)	7. e)	7. f)

F | 23
A | 24
S | 54
L | 57
E | 68
U | 74
T | 75
N | 77
I | 79
K | 82
M | 100
T | 150
H | 200
O | 500
L | 600
I | 700
B | 790
A | 800
R | 950
N | 1000
N | 3082
A | 5609
O | 6415
U | 20 470
L | 42 030
F | 99 009

Überschlagen und halbschriftliches Multiplizieren

Mit dem **Überschlag** erhältst du ein ungefähres Ergebnis.	Das genaue Ergebnis kannst du durch **halbschriftliches Multiplizieren** berechnen.
58 · 3 Ü: 60 · 3 = 180	58 · 3 = 174 50 · 3 = 150 8 · 3 = 24

1.
a) 31 · 4   31 · 4 = ___   b) 46 · 5   46 · 5 = ___
Ü: 30 · 4 = _120_   30 · 4 = ___   Ü: ___ = ___   ___ = ___
                    1 · 4 = ___   ___ = ___

c) 52 · 6   52 · 6 = ___   b) 67 · 3   67 · 3 = ___
Ü: ___ = ___   ___ · ___ = ___   Ü: ___ = ___   ___ · ___ = ___
                  ___ · ___ = ___   ___ · ___ = ___

2. Einige Ergebnisse sind falsch. Du findest sie mit einem Überschlag.
Kreuze die falschen Ergebnisse an.

a) 27 · 8 = 356 ◯   b) 42 · 5 = 210 ◯   c) 58 · 3 = 234 ◯   d) 31 · 9 = 209 ◯
    66 · 2 = 132 ◯   77 · 4 = 408 ◯   93 · 5 = 465 ◯   89 · 3 = 267 ◯

3. Was gehört zusammen? Färbe jeweils mit der gleichen Farbe.

Aufgabe	Überschlag	Überschlagsergebnis	genaues Ergebnis
36 · 2	40 · 3	80	170
97 · 5	40 · 2	180	485
85 · 2	100 · 5	240	126
78 · 3	90 · 2	120	72
42 · 3	80 · 3	500	234

4. Rechne die Aufgaben, deren Ergebnis kleiner als 300 ist. Ein Überschlag hilft dir.

· 4: 82, 28, 39, 57, 91, 88, 65

Schriftliches Multiplizieren

Schriftliches Multiplizieren mit einstelligen Zahlen

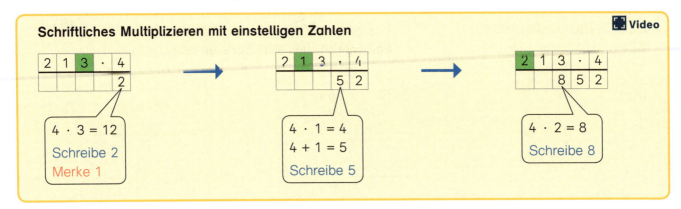

1. Überschlage zuerst. Berechne danach das genaue Ergebnis.

a) Ü: 400 · 2 = 800

   426 · 2

b) Ü:

   217 · 3

c) Ü:

   218 · 4

d) Ü:

   107 · 5

e) Ü:

   524 · 3

f) Ü:

   246 · 6

2. Das Wanderheim kauft 4 neue Fußballtore. Ein Tor kostet 169 €. Berechne den Gesamtpreis.

   Gesamtpreis: _____ €

3. Berechne den Gesamtpreis.

a)
245 €
3 Tischtennisplatten

b)
164 €
4 Bänke

c)
389 €
2 Klettergerüste

Gesamtpreis: _____ €   Gesamtpreis: _____ €   Gesamtpreis: _____ €

Multiplizieren und Dividieren SB S. 112–115

4. Im Kopf oder schriftlich? Notiere die Ergebnisse.

a) 301 · 3 = _____ b) 13 · 3 = _____ c) 230 · 3 = _____ d) 623 · 2 = _____

22 · 4 = _____ 473 · 2 = _____ 521 · 4 = _____ 468 · 3 = _____

5. Drei Lösungen sind falsch. Berichtige.

a) 2 4 2 · 3
     6 2 6

   2 4 2 · 3

b) 1 0 4 · 5
     5 2 0

c) 3 2 0 · 4
    1 2 8 4

d) 2 8 6 · 6
    1 2 8 6

6. Berechne die Einnahmen.

a) Cinema-Palast — Eintritt 6 € — 134 Besucher

b) Möbel-Schulz — 4 Stühle — 162 €

c) Leas Musikladen — Heute habe ich 138 CDs verkauft. — Angebot: Jede CD 7 €

Einnahmen: _____ €   Einnahmen: _____ €   Einnahmen: _____ €

7. Überschlage zuerst, dann rechne genau.

Aufgabe	Überschlag mit Ergebnis	genaues Ergebnis
a) 417 · 2	400 · 2 = 800	834
b) 209 · 4		
c) 317 · 3		
d) 97 · 6		
e) 392 · 2		
f) 713 · 7		

Schriftliches Multiplizieren mit zweistelligen Zahlen

3	1	2	·	2	3
	6	2	4	0	

Mit den Zehnern multiplizieren

→

3	1	2	·	2	3
	6	2	4	0	
			9	3	6

Mit den Einern multiplizieren

→

3	1	2	·	2	3
	6	2	4	0	
			9	3	6
			1		
	7	1	7	6	

Addieren

8. Überschlage zuerst. Berechne danach das genaue Ergebnis.

a) Ü: 300 · 20 = 6000

   312 · 21

b) Ü:

   391 · 49

c) Ü:

   375 · 24

d) Ü:

   506 · 18

9. Die Jugendherberge kauft 12 Fahrräder für die Ausleihe.
Wie viel Euro kosten die Fahrräder insgesamt?

A: _____

10. Im Kopf oder schriftlich? Notiere die Ergebnisse.

a) 301 · 30 = _____   b) 734 · 15 = _____   c) 21 · 40 = _____   d) 648 · 45 = _____

    128 · 41 = _____   100 · 23 = _____   163 · 17 = _____   111 · 50 = _____

Schriftliches Dividieren

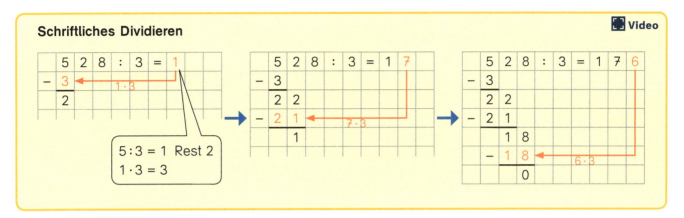

1. Dividiere schriftlich.

a) 75 : 3 =   b) 96 : 4 =   c) 84 : 7 =

d) 946 : 2 =   e) 745 : 5 =   f) 572 : 4 =

2. a) 8631 : 3 =   b) 4735 : 5 =

3. Wie viel Euro kostet ein Reifen?

Für 4 Reifen bezahle ich 672 €.

A: _____

4. Bei jeder Aufgabe ist nur ein Überschlag aus dem grünen Feld sinnvoll. Überschlage damit. Berechne auch das genaue Ergebnis.

a) 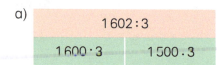   b) 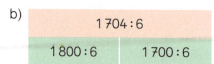   c)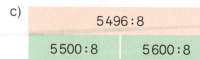

Ü: _____   Ü: _____   Ü: _____

5. Vorsicht bei Nullen.

a) 9 6 0 : 8 =   b) 7 8 0 : 6 =   c) 8 0 5 : 7 =

6. a) 2 1 0 3 : 3 =   b) 3 0 0 0 : 4 =

7. Der Supermarkt nimmt an einem Tag 1 254 leere Flaschen zurück. Immer 6 Flaschen kommen in einen Kasten. Wie viele Kästen werden voll?

A: _____

Multiplizieren und Dividieren SB S. 120–121

Division mit Rest

Division mit Rest

Wenn die Division nicht aufgeht, musst du den Rest notieren.

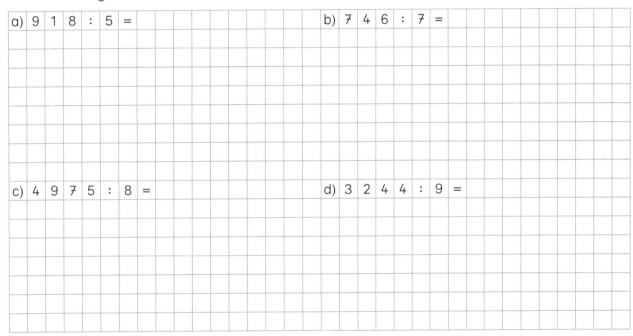

1000 : 7 = 142 R 6

1. Bei diesen Aufgaben bleibt ein Rest.

   a) 918 : 5 =

   b) 746 : 7 =

   c) 4975 : 8 =

   d) 3244 : 9 =

2. In der Gärtnerei werden Blumen zu Sträußen gebunden.
   Wie viele Sträuße werden gebunden? Wie viele Blumen bleiben übrig?

   a)
   1 550 Margeriten
   9 Blumen je Strauß

   b)
   1 450 Rosen
   6 Blumen je Strauß

   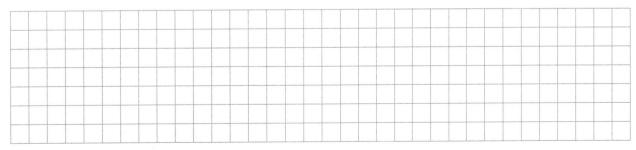

   _____ Sträuße werden gebunden.　　　_____ Sträuße werden gebunden.

   _____ Blumen bleiben übrig.　　　　_____ Blumen bleiben übrig.

1.
a) 4 · 8 = _____
6 · 6 = _____
7 · 9 = _____
3 · 5 = _____

b) 5 · 9 = _____
3 · 7 = _____
4 · 4 = _____
8 · 3 = _____

c) 28 : 7 = _____
15 : 5 = _____
36 : 9 = _____
32 : 4 = _____

d) 45 : 5 = _____
64 : 8 = _____
54 : 6 = _____
56 : 7 = _____

e) 72 : 9 = _____
42 : 6 = _____
49 : 7 = _____
27 : 9 = _____

2.
a) 40 · 3 = _____
500 · 5 = _____
70 · 6 = _____

b) 7 · 300 = _____
4 · 60 = _____
8 · 400 = _____

c) 360 : 6 = _____
450 : 9 = _____
280 : 4 = _____

d) 720 : 8 = _____
630 : 7 = _____
300 : 5 = _____

3. a)

·	10	100
5		
27		
40		
68		

b)

:	100	10
800		
4 100		
200		
3 500		

4. Beachte die Rechenregeln.

a) 12 + 3 · 2 = _____
(12 + 3) · 2 = _____
12 · 3 + 2 = _____

b) (16 − 2) · 2 = _____
16 − 2 · 2 = _____
16 − 2 + 2 = _____

c) 20 : 2 + 3 = _____
20 : (2 + 3) = _____
20 − 2 · 3 = _____

5. Die Lehrerin mietet für die Klasse 5a 3er-Canadier. Es sind 8 Boote. Es bleibt kein Platz frei. Wie viele Schülerinnen und Schüler sind in der Klasse?

R: _____

A: _____

6. In der Klasse 5b sind 24 Schülerinnen und Schüler. Sie mieten 4er-Canadier. Wie viele Boote werden benötigt?

R: _____

A: _____

Multiplizieren und Dividieren

7.
a) 367 · 3
b) 508 · 7
c) 731 · 5
d) 429 · 6
e) 542 · 30
f) 684 · 12
g) 304 · 25
h) 453 · 19

8. Bei jeder Aufgabe ist nur ein Überschlag aus dem grünen Feld sinnvoll. Überschlage damit. Berechne auch das genaue Ergebnis.

a) 2103 : 3
   2100 : 3   2000 : 3

b) 1920 : 5
   1900 : 5   2000 : 5

c) 5509 : 7
   5500 : 7   5600 : 7

Ü: _____   Ü: _____   Ü: _____

9. Im Kopf oder schriftlich? Notiere die Ergebnisse.

a) 421 · 4 = _____
   801 · 5 = _____
   237 · 7 = _____

b) 111 · 8 = _____
   452 · 3 = _____
   701 · 9 = _____

c) 320 · 2 = _____
   603 · 8 = _____
   410 · 5 = _____

d) 500 · 20 = _____
   101 · 10 = _____
   479 · 30 = _____

10. Manchmal bleibt beim Dividieren ein Rest.

a) 739 : 5 =
b) 7224 : 8 =

5 | Größen

Wie lang und wie breit ungefähr ist die Nordseeinsel Baltrum?

In diesem Kapitel lernst du, ...

... wie du mit Geldbeträgen rechnest.

... wie du Einheiten für die Länge umwandelst und mit ihnen rechnest.

... wie du Aufgaben zum Maßstab löst.

... wie du Einheiten für die Masse umwandelst und mit ihnen rechnest.

... wie du verschiedene Einheiten für die Zeit nutzt und mit ihnen rechnest.

Geld

In vielen Ländern Europas gibt es für Geldbeträge die Einheiten **Euro und Cent**.

Es gilt: 1 Euro = 100 Cent
1 € = 100 ct

Das Komma trennt Euro und Cent.

Geldbeträge können unterschiedlich angegeben werden:
- gemischte Schreibweise: 4 € 75 ct
- Kommaschreibweise: 4,75 €
- Cent-Schreibweise: 475 ct

2 € 37 ct = 2,37 €
8 ct = 0,08 €
45 ct = 0,45 €
312 ct = 3,12 €

€		ct	
2	3	7	
0	0	8	
0	4	5	
3	1	2	

1. Gib immer drei Schreibweisen an.

a)

3 € 20 ct

3,20 €

_____ ct

b)

c)

d)

2. Vervollständige die Tabelle.

2 € 34 ct	3 € 28 ct		4 € 80 ct		0 € 85 ct
2,34 €				6,05 €	
234 ct		157 ct			

3. Immer drei Geldbeträge sind gleich. Färbe sie mit der gleichen Farbe.

a)
1,03 €	133 ct	1,30 €
1 € 33 ct	130 ct	103 ct
1 € 3 ct	1,33 €	1 € 30 ct

b)
322 ct	320 ct	3,02 €
3 € 2 ct	3 € 20 ct	3,20 €
3,22 €	302 ct	3 € 22 ct

4.
a) 1,27 € = _____ ct
2,54 € = _____ ct
3,60 € = _____ ct

b) 1,08 € = _____ ct
2,40 € = _____ ct
0,37 € = _____ ct

c) 326 ct = _____ €
208 ct = _____ €
74 ct = _____ €

5. Kleiner, größer oder gleich? Setze ein: <, > oder =

a) 4,56 € ☐ 4 € 60 ct
5 € 9 ct ☐ 5,15 €

b) 7,75 € ☐ 775 ct
4 € 8 ct ☐ 4,80 €

c) 254 ct ☐ 2 € 45 ct
304 ct ☐ 3 € 4 ct

6. Tim und Sidra kaufen das gleiche Fischbrötchen. Das Rückgeld berechnen sie unterschiedlich. Vervollständige die Rechnungen.

5,30 € + _____ € = 10 €

Ich bekomme _____ € zurück.

10 € − 5,30 € = _____ €

Ich bekomme _____ € zurück.

7. Wie viel Euro gibt es zurück? Notiere die Rechnung mit Ergebnis.

a)  5,20 €

b)  3,40 €

c)  13,70 €

_____ _____ _____

8. a) 5 € + 2,70 € = _____   b) 1,50 € + 0,40 € = _____   c) 4,90 € + 0,50 € = _____

6 € + 4,10 € = _____   2,40 € + 1,30 € = _____   2,80 € + 1,20 € = _____

3 € + 9,40 € = _____   3,65 € + 2,10 € = _____   1,40 € + 1,90 € = _____

9. a) 8 € − 1,70 € = _____   b) 1,80 € − 0,20 € = _____   c) 4,50 € − 0,60 € = _____

9 € − 7,20 € = _____   2,70 € − 1,50 € = _____   6,60 € − 1,60 € = _____

7 € − 5,80 € = _____   3,95 € − 2,70 € = _____   5,10 € − 4,80 € = _____

10. Wie viel Euro fehlen noch? Notiere die Rechnung mit Ergebnis.

a) Das Strandtennis-Set kostet 89 €.

b) Das Surfbrett kostet 369 €.

c) Der Lenkdrachen kostet 125 €.

Längen

> **Längen** werden in den Maßeinheiten **Kilometer (km)**, **Meter (m)**, **Dezimeter (dm)**, **Zentimeter (cm)** und **Millimeter (mm)** angegeben.
>
> Es gilt: 1 km = 1 000 m
> 1 m = 10 dm = 100 cm = 1 000 mm
> 1 dm =   10 cm =   100 mm
> 1 cm =   10 mm

1. Ordne zu.

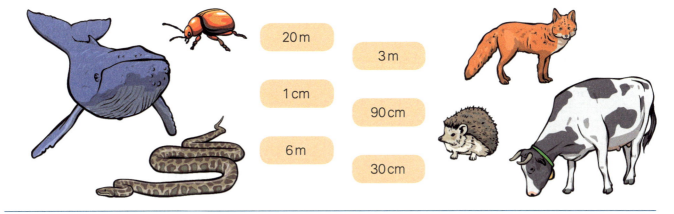

2. a) 1 m 11 cm = ___111___ cm   b) 1 m 5 cm = _____ cm   c) 175 cm = ___ m _____ cm

     1 m 15 cm = _____ cm   2 m 30 cm = _____ cm   108 cm = ___ m _____ cm

     5 m 98 cm = _____ cm   1 m 9 cm = _____ cm   209 cm = ___ m _____ cm

     2 m 75 cm = _____ cm   1 m 10 cm = _____ cm   75 cm = ___ m _____ cm

3. a) 1 km 270 m = _____ m   b) 2 km 300 m = _____ m   c) 5 150 m = ___ km _____ m

     3 km 405 m = _____ m   1 km 85 m = _____ m   4 809 m = ___ km _____ m

     5 km 685 m = _____ m   1 km   5 m = _____ m   1 075 m = ___ km _____ m

     2 km 350 m = _____ m   3 km 40 m = _____ m   750 m = ___ km _____ m

4. Ergänze.

a) **1 m**

50 cm	
	80 cm
30 cm	
	10 cm
60 cm	

b) **1 m**

75 cm	
	99 cm
	90 cm
55 cm	
	15 cm

c) **1 km**

400 m	
	150 m
70 m	
	985 m
340 m	

Kommaschreibweise bei Längen

Das Komma trennt Meter (m) und Zentimeter (cm).
1 m 15 cm = 1,15 m   104 cm = 1,04 m
3 cm = 0,03 m   71 cm = 0,71 m

m	cm	
1	0	4
0	7	1

Das Komma trennt Zentimeter (cm) und Millimeter (mm).
1 cm 3 mm = 1,3 cm   12 mm = 1,2 cm
2 mm = 0,2 cm   105 mm = 10,5 cm

cm	mm	
	1	2
1	0	5

1. Vervollständige die Tabelle.

1 m 25 cm	1 m 14 cm				0 m 70 cm
1,25 m		1,71 m		3,01 m	
125 cm			357 cm		

2. Kleiner, größer oder gleich? Setze ein: <, > oder =

a) 134 cm ☐ 3 m   b) 1,72 m ☐ 150 cm   c) 230 cm ☐ 3,05 m
   410 cm ☐ 4 m   2,16 m ☐ 216 cm   2,11 m ☐ 208 cm
   200 cm ☐ 2 m   1,15 m ☐ 151 cm   375 cm ☐ 4,02 m
   50 cm ☐ 5 m   0,52 m ☐ 20 cm   1,35 m ☐ 135 cm

3. Ordne nach der Größe. Beginne mit der kleinsten Länge.

a) 2,51 m   224 cm   2 m 15 cm   b) 182 cm   1,79 m   1 m 81 cm

   <u>2 m 15 cm</u> < _____ < _____   _____ < _____ < _____

c) 3,08 m   4 m   321 cm   d) 202 cm   2,09 m   2 m 1 cm

   _____ < _____ < _____   _____ < _____ < _____

4. a) 5 cm = _____ mm   b) 34 mm = _____ cm   c) 104 mm = _____ cm
       5,8 cm = _____ mm   25 mm = _____ cm   170 mm = _____ cm
       9,2 cm = _____ mm   67 mm = _____ cm   7 mm = _____ cm
       0,7 cm = _____ mm   99 mm = _____ cm   139 mm = _____ cm

5. Immer drei Längenangaben sind gleich. Färbe sie in der gleichen Farbe.

5 cm 3 mm	9 cm 2 mm	10 cm 3 mm	2 cm 9 mm	3 cm 5 mm
103 mm	53 mm	92 mm	35 mm	29 mm
2,9 cm	10,3 cm	3,5 cm	5,3 cm	9,2 cm

Größen

Das Komma trennt Kilometer (km) und Meter (m).

	km	m					km	m		
1 km 275 m = 1,275 km	1	2	7	5	2 405 m = 2,405 km	2	4	0	5
65 m = 0,065 km	0	0	6	5	1 005 m = 1,005 km	1	0	0	5

6. Vervollständige die Tabelle.

1 km 600 m	2 km 500 m			6 km 85 m
1,6 km		3,750 km	0,890 km	
1 600 m			4 810 m	

7. Immer drei Längen sind gleich. Färbe in der gleichen Farbe.

4 km 308 m	4 km 800 m	4 km 300 m	4 km 80 m	4 km 8 m
4,3 km	4,008 km	4,8 km	4,308 km	4,080 km
4 800 m	4 308 m	4 300 m	4 008 m	4 080 m

8. Welche Einheit passt? Trage ein: km oder m

A  B  C  D

Länge: 42 _____   Höhe: 30 _____   Entfernung: 8 _____   Länge: 5 _____

9. Lea steht am Wegweiser. Ergänze.

a) Bis zum Strand sind es _____ m.

b) Bis zum Leuchtturm sind es _____ m.

c) Vom Strand bis zum Leuchtturm sind es _____ m. Das sind _____ km.

10. Kleiner, größer oder gleich? Setze ein: <, > oder =

a) 2,5 km ☐ 2 050 m   b) 1 800 m ☐ 1,8 km   c) 2 650 m ☐ 2,506 km

   1,7 km ☐ 1 700 m   3 400 m ☐ 4,3 km   850 m ☐ 0,850 km

   0,9 km ☐ 90 m   1 750 m ☐ 1,7 km   2 250 m ☐ 2,520 km

Größen

Beim Rechnen mit Längen gehst du so vor:

① Wandle um in eine kleinere Einheit ohne Komma.
② Rechne ohne Komma.
③ Wandle dein Ergebnis wieder um in die größere Einheit.

1,45 m + 20 cm =
145 cm + 20 cm =
165 cm = 1,65 m

1,5 km · 5 =
1 500 m · 5 =
7 500 m = 7,5 km

11. Wie groß sind die Schülerinnen?

Ich bin 1,85 m groß.
Herr Güler
_1,85 m_

Ich bin 35 cm kleiner als Herr Güler.
Anna
_____

Ich bin 3 cm größer als Anna.
Hatice
_____

Ich bin 2 cm kleiner als Hatice.
Julia
_____

12. a) 5,10 m + 42 cm =
_____ cm + 42 cm =
_____ cm = _____ m

b) 1,75 m + 50 cm =
_____ =
_____

c) 1,250 km + 300 m =
_____ =
_____

d) 2,35 m − 15 cm =
_____ =
_____

e) 1,25 m − 30 cm =
_____ =
_____

f) 2,750 km − 400 m =
_____ =
_____

13. a) 1,2 cm + 5 mm =
_____ mm + 5 mm =
_____ mm = _____ cm

b) 2,8 cm − 6 mm =
_____ =
_____

c) 1,5 cm − 8 mm =
_____ =
_____

14. Wie viel Meter weit können die Tiere springen?

a)
Waldmaus
Körperlänge: 0,08 m
Springt 8-mal so weit.

0,08 m · 8 =
_8_ cm · 8 =
_____ cm = _____ m

b)
Eichhörnchen
Körperlänge: 0,2 m
Springt 4-mal so weit.

0,2 m · 4 =
_____ cm · 4 =
_____ cm = _____ m

c)
Fuchs
Körperlänge: 1,2 m
Springt 2-mal so weit.

_____ =
_____ =
_____ cm = _____ m

Größen SB S. 136–139 79

15. Immer zwei Längen ergeben zusammen 1 m. Färbe sie in der gleichen Farbe.

25 cm   0,3 m   0,49 m   37 cm

75 cm   70 cm

0,63 m   0,51 m

16. Gib die Länge des Schulwegs in Kilometer an.

a)  Ich gehe genau 500 m weit zur Schule.
Akim: _____ km

b)  Ich gehe 1 km weiter als Akim.
Sina: _____ km

c)  Ich gehe dreimal so weit wie Akim.
Janis: _____ km

d)  Ich gehe 350 m weiter als Akim.
Jan: _____ km

17.

a) 2 m

140 cm	
	130 cm
	90 cm
25 cm	

b) 4 km

3 500 m	
2 900 m	
	1 800 m
500 m	

c) 5 km

4 850 m	
	4 050 m
2 950 m	
	1 760 m

18. Leonard springt 2,85 m weit. Tarek springt 60 cm weiter.

F: _____

A: _____

19. Welche Aussagen stimmen? Kreuze an.

Lily 144 cm — Conny 1 m 46 cm — Murat 1,50 m — Hao 145 cm — Sven 1,51 m

○ Conni ist größer als Hao.   ○ Lily ist 3 cm kleiner als Sven.
○ Hao ist kleiner als Murat.   ○ Murat ist 4 cm größer als Conni.
○ Sven ist 1 cm kleiner als Murat.   ○ Hao ist 1 cm kleiner als Lily.

Maßstab

2fache Verkleinerung
Maßstab 1 : 2

Wirkliche Größe
Maßstab 1 : 1

2fache Vergrößerung
Maßstab 2 : 1

> Der **Maßstab** gibt an, wie verkleinert oder vergrößert wird. 📹 Video
>
> **1 : 10** gesprochen **1 zu 10**
> 1 cm in der Abbildung entspricht
> 10 cm in Wirklichkeit (**Verkleinerung**).
>
> **10 : 1** gesprochen **10 zu 1**
> 10 cm in der Abbildung entsprechen
> 1 cm in Wirklichkeit (**Vergrößerung**).

1. Ordne zu.

| 2fache Vergrößerung | wirkliche Größe | 2fache Verkleinerung |

| Maßstab 2 : 1 | Maßstab 1 : 2 | Maßstab 1 : 1 |

2. Der Maßstab ist angegeben. Bestimme die fehlenden Werte.

 Maßstab 1 : 5
Ich rechne mal 5.

 Maßstab 5 : 1
Ich teile durch 5.

 Maßstab 1 : 6
Ich rechne _____.

a) **1 : 5**

Abbildung	Wirklichkeit
1 cm	5 cm
2 cm	10 cm
3 cm	
4 cm	

b) **5 : 1**

Abbildung	Wirklichkeit
5 cm	1 cm
10 cm	2 cm
15 cm	
20 cm	

c) **1 : 6**

Abbildung	Wirklichkeit
1 cm	6 cm
2 cm	
3 cm	
4 cm	

Größen

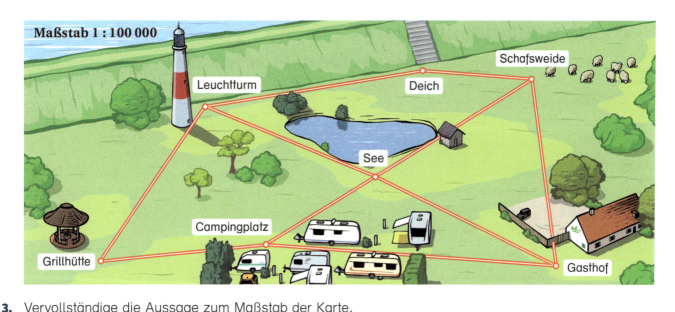

3. Vervollständige die Aussage zum Maßstab der Karte.

1 cm auf der Karte entspricht _____ cm = _____ m = _____ km in Wirklichkeit.

4. Miss die Strecken auf der Karte. Dann bestimme die Entfernungen in Wirklichkeit.

		Karte	Wirklichkeit
a)	Leuchtturm – Deich		
b)	Deich – Schafweide		
c)	Gasthof – See		

5. Ayla und Lewin planen eine Radtour.

a) Miss die Länge jeder Teilstrecke auf der Karte. Trage die Länge in Wirklichkeit ein.

Gasthof – Campingplatz – See – Schafweide – Gasthof

_____ km _____ km _____ km _____ km   Gesamtlänge: _____ km

b) Bestimme die Gesamtlänge der Radtour. Trage ein.

6. a) Max plant einen Weg von der Grillhütte zum See und weiter zur Schafweide.
Bestimme die Gesamtlänge des Weges.

Grillhütte – Campingplatz – See – Schafweide

_____ Gesamtlänge: _____

b) Gib einen anderen Weg von der Grillhütte zum See und weiter zur Schafweide an.
Bestimme die Gesamtlänge dieses Weges.

Grillhütte – _____ – See – Schafweide

_____ Gesamtlänge: _____

Wiederholungsaufgaben

Die Lösungen ergeben die Namen von Tieren, die an der Nordsee leben.

1. a) 160 → +20 → ☐ → +___ → 200 → −___ → 190 → −___ → 120
   b) 200 → −___ → 170 → +50 → ☐ → −30 → ☐ → +___ → 200
   c) 570 → −50 → ☐ → +200 → ☐ → +60 → ☐ → −___ → 720

1. a)				1. b)				1. c)		

2. a) 178 + 16
   b) 185 + 335
   c) 189 + 242
   d) 403 + 508

3. a) 529 − 345
   b) 248 − 158
   c) 523 − 444
   d) 727 − 667

2. a)	2. b)	2. c)	2. d)	3. a)	3. b)	3. c)	3. d)

4. a) 95 · 2   b) 314 · 2   c) 231 · 3   d) 157 · 4
   e) 97 · 2   f) 108 · 6   g) 182 · 3   h) 296 · 2

5. a) 5875 : 5 =   b) 4296 : 4 =

4. a)	4. b)	4. c)	4. d)	4. e)	4. f)	4. g)	4. h)	5. a)	5. b)

R	10
T	20
N	30
E	60
A	70
W	79
Ö	90
S	180
M	184
K	190
L	194
D	220
C	431
A	520
O	546
B	592
E	628
R	648
G	693
B	720
B	780
H	911
U	998
E	1074
B	1175
S	1915

Größen

Masse

1 g   100 g   1 kg   1 t

> Im Alltag nennt man **Masse** oft Gewicht.
> Kleine Massen gibt man in **Gramm (g)** oder in **Kilogramm (kg)** an.   1000 g = 1 kg
> Große Massen gibt man in **Tonnen (t)** an.   1000 kg = 1 t

1. Ordne zu.

   60 g   3 kg

10 kg   38 kg

350 g   180 g    

5 g   1 kg

2. Was ist schwerer als 1000 kg? Kreuze an.

         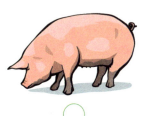

○   ○   ○   ○

3. a) 1 750 g = ___ kg ___ g   b) 5 050 g = ___ kg ___ g   c) 2 kg 850 g = ___ g

3 405 g = ___ kg ___ g   705 g = ___ kg ___ g   3 kg 105 g = ___ g

2 010 g = ___ kg ___ g   6 004 g = ___ kg ___ g   5 kg 80 g = ___ g

4. a) 2 350 kg = ___ t ___ kg   b) 3 007 kg = ___ t ___ kg   c) 2 t 400 kg = ___ kg

4 009 kg = ___ t ___ kg   9 900 kg = ___ t ___ kg   4 t 250 kg = ___ kg

3 999 kg = ___ t ___ kg   602 kg = ___ t ___ kg   1 t 75 kg = ___ kg

Das Komma trennt Kilogramm (kg) und Gramm (g).

	kg	g					kg	g		
1 kg 438 g = 1,438 kg	1	4	3	8		2976 g = 2,976 kg	2	9	7	6
275 g = 0,275 kg	0	2	7	5		1057 g = 1,057 kg	1	0	5	7

5. a) 3428 g = _____ kg   b) 1,375 kg = _____ g   c) 1,5 kg = _____ g

1050 g = _____ kg   2,100 kg = _____ g   6,3 kg = _____ g

2780 g = _____ kg   3,060 kg = _____ g   0,8 kg = _____ g

6. Vervollständige die Tabelle.

4 kg 372 g	1 kg 489 g				0 kg 275 g
4,372 kg		3,821 kg		6,320 kg	
4372 g			2500 g		

7. Wie schwer sind die Waren?

a)    b)    c)

_____ g = _____ kg   _____ g = _____ kg   _____ g = _____ kg

8. Immer zwei Gewichte ergeben zusammen 1 kg. Färbe in der gleichen Farbe.

a)
400 g	850 g
750 g	600 g
150 g	700 g
300 g	250 g

b)
930 g	800 g
200 g	360 g
520 g	70 g
640 g	480 g

c)
950 g	450 g
550 g	50 g
190 g	720 g
280 g	810 g

9. Ergänze die fehlenden Werte in der Tabelle.

	Pfirsiche 800 g	Pilze 200 g	Spaghetti 500 g	Schokolade 300 g	Erbsen 450 g
Anzahl	3	5	5	4	2
Gesamtgewicht in g					
Gesamtgewicht in kg					

Größen

Das Komma trennt Tonne (kg) und Kilogramm (g).

	t	kg					t	kg		
1 t 875 kg = 1,875 t	1	8	7	5		7 465 kg = 7,465 t	7	4	6	5
948 kg = 0,948 t	0	9	4	8		2 035 kg = 2,035 t	2	0	3	5

10. a) 2 715 kg = _____ t   b) 1,800 t = _____ kg   c) 1,5 t = _____ kg

  4 205 kg = _____ t   5,040 t = _____ kg   3,2 t = _____ kg

  8 420 kg = _____ t   0,655 t = _____ kg   0,7 t = _____ kg

11. Vervollständige die Tabelle.

1 t 470 kg	2 t 390 kg					0 t 375 kg
1,470 t		3,620 t			4,8 t	
1 470 kg			5 080 kg			

12. Die Kisten wiegen zusammen 1 t. Ergänze das fehlende Gewicht.

a)    b)    c)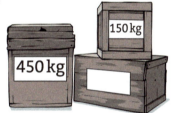

13. Stimmt die Aussage? Kreuze an.

 350 kg   2,5 t    1,5 t    200 kg

○ Das Zebra und der Löwe sind zusammen schwerer als das Flusspferd.

○ Der Löwe wiegt 150 kg weniger als das Zebra.

○ Der See-Elefant wiegt 1 t mehr als das Flusspferd.

○ Das Zebra wiegt doppelt so viel wie der Löwe.

○ Der See-Elefant wiegt mehr als das Zebra und das Flusspferd zusammen.

14. a) 1 t

700 kg	
	800 kg
350 kg	

b) 5 t

4 t 600 kg	
	3 t 900 kg
2 t 500 kg	

c) 6 t

5,7 t	
	4,6 t
3,8 t	

Zeit

> Ein Jahr hat 365 Tage.   Ein Jahr hat 12 Monate.   Eine Woche hat 7 Tage.
> 1 Jahr = 365 Tage   1 Jahr = 12 Monate   1 Woche = 7 Tage

	Januar	Februar	März	April	Mai	Juni
Montag	4 11 18 25	1 8 15 22 29	7 14 21 28	4 11 18 25	2 9 16 23 30	6 13 20 27
Dienstag	5 12 19 26	2 9 16 23	1 8 15 22 29	5 12 19 26	3 (10) 17 24 31	7 14 21 28
Mittwoch	6 13 20 27	3 10 17 24	2 9 16 23 30	6 13 20 27	4 11 18 25	1 8 15 22 29
Donnerstag	7 14 21 28	4 11 18 25	3 10 17 24 31	7 14 21 28	5 12 19 26	2 9 16 23 30
Freitag	1 8 15 22 29	5 12 19 26	4 11 18 25	1 8 15 22 29	6 13 20 27	3 10 17 24
Samstag	2 9 16 23 30	6 13 20 27	5 12 19 26	2 9 16 23 30	7 14 21 28	4 11 18 25
Sonntag	3 10 17 24 31	7 14 21 28	6 13 20 27	3 10 17 24	1 8 15 22 29	5 12 19 26

	Juli	August	September	Oktober	November	Dezember
Montag	4 11 18 25	1 8 15 22 29	5 12 19 26	3 10 17 24 31	7 14 21 28	5 12 19 26
Dienstag	5 12 19 26	2 9 16 23 30	6 13 20 27	4 11 18 25	1 8 15 22 29	6 13 20 27
Mittwoch	6 13 20 27	3 10 17 24 31	7 14 21 28	5 12 19 26	2 9 16 23 30	7 14 21 28
Donnerstag	7 14 21 28	4 11 18 25	1 8 15 22 29	6 13 20 27	3 10 17 24	1 8 15 22 29
Freitag	1 8 15 22 29	5 12 19 26	2 9 16 23 30	7 14 21 28	4 11 18 25	2 9 16 23 30
Samstag	2 9 16 23 30	6 13 20 27	3 10 17 24	1 8 15 22 29	5 12 19 26	3 10 17 24 31
Sonntag	3 10 17 24 31	7 14 21 28	4 11 18 25	2 9 16 23 30	6 13 20 27	4 11 18 25

1. Kreise das Datum im Kalender ein. Notiere den Wochentag.

| Klassenfest 10.5. | Heiligabend 24.12. | 1. Schultag 25.8. | Tims Geburtstag 11.11. |

Dienstag _____ _____ _____

| Neujahr 1.1. | Wandertag 17.9. | Nikolaustag 6.12. | Dein Geburtstag _____ |

_____ _____ _____ _____

2. a) 21 Tage = _____ Wochen   b) 16 Tage = _____ Wochen _____ Tage

  14 Tage = _____ Wochen   24 Tage = _____ Wochen _____ Tage

  28 Tage = _____ Wochen   30 Tage = _____ Wochen _____ Tage

3. a) 1 Jahr = _____ Monate   b) 1 Jahr 3 Monate = _____ Monate

  2 Jahre = _____ Monate   3 Jahre 3 Monate = _____ Monate

  3 Jahre = _____ Monate   2 Jahre 6 Monate = _____ Monate

4. Ordne das Alter zu.

 Ruth — „Ich bin älter als 137 Monate."

 Lelina — „Ich bin jünger als 126 Monate."

 Hassan — „In 5 Monaten werde ich 11 Jahre alt."

 Moritz — „In 7 Monaten werde ich 12 Jahre alt."

| 11 Jahre 5 Monate | 10 Jahre 5 Monate | 11 Jahre 7 Monate | 10 Jahre 7 Monate |

Größen

Ein Tag hat 24 Stunden.

1 Tag = 24 Stunden

8 Uhr abends ist 20 Uhr.

5. Notiere die Uhrzeiten. Es gibt zwei Möglichkeiten.

a) 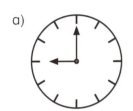   b)    c)    d) 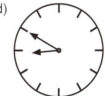   e)

9:00 Uhr

21:00 Uhr

Der Minutenzeiger braucht für einen Umlauf 60 Minuten. Das ist eine Stunde.

Der Sekundenzeiger braucht für einen Umlauf 60 Sekunden. Das ist eine Minute.

Eine Stunde hat 60 Minuten.
1 h = 60 min

Eine Minute hat 60 Sekunden.
1 min = 60 s

6. a) 1 h = _____ min   b) 3 h = _____ min   c) 600 min = _____ h

   2 h = _____ min   4 h = _____ min   120 min = _____ h

   5 h = _____ min   6 h = _____ min   300 min = _____ h

7. a) 30 min + _____ min = 1 h   b) 25 min + _____ min = 1 h

   15 min + _____ min = 1 h   10 min + _____ min = 1 h

   40 min + _____ min = 1 h   55 min + _____ min = 1 h

   52 min + _____ min = 1 h   12 min + _____ min = 1 h

8. a) 1 min = _____ s   b) 5 min = _____ s   c) 600 s = _____ min

   2 min = _____ s   4 min = _____ s   180 s = _____ min

9. Wie viel Minuten sind vergangen?

a)
A: _____

b)
A: _____

10. Die Uhr zeigt an, wann die Kinder morgens aus dem Haus gehen.
Um wie viel Uhr kommen die Kinder in der Schule an?

a)  Janne 07:10, 20 min

b) Sandra 07:25, 15 min

c)  Tom 07:30, 10 min

d)  Britta 07:15, Eine halbe Stunde

_____   _____   _____   _____

11. Wie viele Minuten sind vergangen? Trage ein.

a) 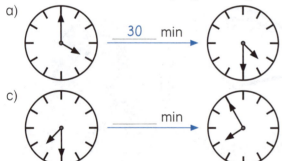 30 min

b) 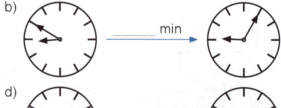 ___ min

c) ___ min

d) 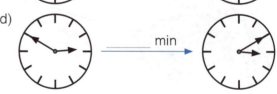 ___ min

12. Wie viel Uhr ist es jetzt? Zeichne die Zeiger ein.

a) 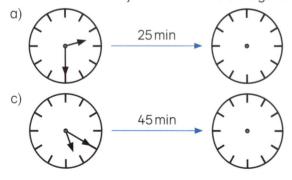 25 min

b) 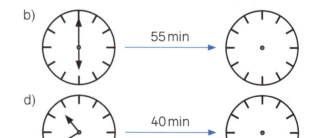 55 min

c) 45 min

d) 40 min

13. Trage die fehlenden Uhrzeiten ein.

a)  19:45 → 30 min → _____

b)  _____ → 15 min → 08:45

c) 17:30 → 50 min → _____

d) _____ → 40 min → 11:20

Größen

14. Ergänze die Angaben zur Busfahrt.

Abfahrt	
Fahrzeit	
Ankunft	

Schnellbus Berga-Kamp						
Haltestelle	Montag bis Freitag					
Berga	ab	13:25	13:50	14:25	14:50	15:25
Ketel	an/ab	13:40	14:05	14:40	15:05	15:40
Sund	an/ab	13:50	14:15	14:50	15:15	15:50
Irfen	an/ab	14:00	14:25	15:00	15:25	16:00
Kamp	an	14:30	14:55	15:30	15:55	16:30

15. Trage die Fahrzeiten ein.

Berga ──── min → Ketel ──── min → Sund ──── min → Irfen ──── min → Kamp

16. Wie viele Minuten dauert die Fahrt von Berga nach Kamp?

A: _____

17. Ergänze die fehlenden Angaben.

a) Ivo steigt um 15:15 Uhr in Sund ein. Er kommt um _____ Uhr in Kamp an.

b) Tarfa fährt um 14:25 Uhr in _____ ab.

Nach 25 Minuten Fahrt kommt sie um _____ Uhr in _____ an.

c) Frau Özkan aus Berga muss um 15:45 Uhr in Kamp sein.

Sie muss mit dem Bus in Berga spätestens um _____ Uhr abfahren.

d) Herr Bielak wohnt in Kamp. Er arbeitet in Sund bis 14:30 Uhr.

Mit dem Bus kann er frühestens um _____ Uhr nach Hause fahren.

e) Norbert kommt um 15:55 Uhr in _____ an. Seine Fahrt dauerte 50 Minuten.

Er ist um _____ Uhr in _____ losgefahren.

f) Malaika fährt um 15:40 Uhr in _____ ab. Der Bus kommt in Irfen mit einer Verspätung

von 5 Minuten um _____ Uhr an. Ihre Fahrt dauerte _____ Minuten.

1. Trage für die Urlaubsfahrt passend ein: €, km, min, h, kg

a) Die Fahrt mit dem Auto dauert ungefähr 7 _____.

b) Insgesamt darf das Auto höchstens 1 800 _____ wiegen.

c) An einer Raststätte macht die Familie 30 _____ Pause.

d) Auf der Strecke liegt ein Tunnel. Er ist 6 _____ lang.

e) Das Benzin für die Fahrt kostet ungefähr 130 _____.

2. Vervollständige die Tabelle.

2 € 15 ct			5 € 8 ct		
	3,08 €				6,04 €
		587 ct		329 ct	

3. Wie viel Euro bleiben übrig? Notiere die Rechnung mit Ergebnis.

a)    14 €

_____

b)    58 €

_____

c)    23 €

_____

4. a) 6 € + 2,30 € = _____

8 € + 0,40 € = _____

3 € + 4,70 € = _____

9 € + 1,80 € = _____

b) 8,20 € + 1,80 € = _____

2,30 € + 2,50 € = _____

7,10 € + 2,60 € = _____

9,40 € + 2,10 € = _____

c) 6 € − 3,60 € = _____

3 € − 2,30 € = _____

7 € − 3,40 € = _____

9 € − 6,70 € = _____

5. Wie viel Euro fehlen noch? Notiere die Rechnung mit Ergebnis.

a)

b)

c)

_____   _____   _____

Größen SB S. 155–157 TRAINER 91

6. Wandle um.

a) 3,50 m = _____ cm b) 245 cm = _____ m c) 3,5 cm = _____ mm

1,05 m = _____ cm 705 cm = _____ m 0,9 cm = _____ mm

8,99 m = _____ cm 650 cm = _____ m 90 mm = _____ cm

0,87 m = _____ cm 45 cm = _____ m 15 mm = _____ cm

7. Welche Aussagen stimmen? Kreuze an.

○ Enno ist größer als Marie. ○ Lukas ist 1 cm größer als Kemal.

○ Kemal ist größer als Anna. ○ Marie ist 4 cm kleiner als Lukas.

○ Anna ist 3 cm kleiner als Enno. ○ Anna ist 4 cm kleiner als Lukas.

8. Ordne nach der Größe. Beginne mit der größten Länge.

a) 2 m   300 cm   4 mm b) 1,55 m   75 cm   0,80 m

_____ > _____ > _____   _____ > _____ > _____

c) 50 mm   7,3 cm   1,45 m d) 0,45 m   72 mm   37 cm

_____ > _____ > _____   _____ > _____ > _____

9. Vervollständige die Tabelle.

5 km 730 m				4 km 85 m	
5,730 km	3,090 km				1,9 km
5 730 m		6 850 m	725 m		

10. Gib die Länge der Schulwege in Kilometer an.

a) Ich gehe genau 800 m weit zur Schule.

b) Ich gehe 1,5 km weiter als Lea.

c) Ich gehe doppelt so weit wie Lea.

d) Ich gehe 250 m weniger als Lea.

Lea: _____ km   Kian: _____ km   Elif: _____ km   Fred: _____ km

11. Die Länge in Wirklichkeit ist angegeben. Trage ein.

a)

Maßstab 1:50
Länge in Wirklichkeit: 400 cm

50fach verkleinert: _____

b)

Maßstab 4:1
Länge in Wirklichkeit: 6 cm

4fach vergrößert: _____

12. Der Maßstab ist angegeben. Bestimme die fehlenden Werte.

a) 1:3

Abbildung	Wirklichkeit
1 cm	3 cm
2 cm	6 cm
3 cm	
4 cm	

b) 6:1

Abbildung	Wirklichkeit
6 cm	1 cm
12 cm	
18 cm	
24 cm	

c) 1:7

Abbildung	Wirklichkeit
1 cm	7 cm
2 cm	
3 cm	
4 cm	

13. Trage die passende Einheit für das Gewicht der Tiere ein: g, kg oder t

40 _____   35 _____   0,8 _____   5,5 _____   2 _____

14. Vervollständige die Tabelle.

5 kg 207 g	2 kg 155 g				4 kg 25 g
5,207 kg		3,205 kg		0,8 kg	
5 207 g			3 700 g		

15. a) 1 340 kg = _____ t   b) 3,200 t = _____ kg   c) 2,9 t = _____ kg

3 900 kg = _____ t   2,050 t = _____ kg   0,2 t = _____ kg

4 806 kg = _____ t   0,475 t = _____ kg   1,6 t = _____ kg

3 070 kg = _____ t   1,105 t = _____ kg   2,1 t = _____ kg

850 kg = _____ t   0,650 t = _____ kg   0,8 t = _____ kg

Größen SB S. 155–157 TRAINER 93

16. a) 1 Jahr 3 Monate = _____ Monate b) 26 Monate = _____ Jahre _____ Monate

2 Jahre 7 Monate = _____ Monate 30 Monate = _____ Jahre _____ Monate

c) 2 Wochen 3 Tage = _____ Tage d) 20 Tage = _____ Wochen _____ Tage

4 Wochen 2 Tage = _____ Tage 40 Tage = _____ Wochen _____ Tage

17. Notiere die Uhrzeiten. Es gibt zwei Möglichkeiten.

a) 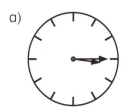 b)   c)  d)   e)

_____ _____ _____ _____ _____

_____ _____ _____ _____ _____

13. Zeichne die Zeiger ein.

a)   b)   c)   d)   e)

14. a) 50 min + _____ min = 1 h b) 35 min + _____ min = 1 h

45 min + _____ min = 1 h 15 min + _____ min = 1 h

20. Die Uhr zeigt die Abfahrtszeit an. Notiere die Ankunftzeit.

a)  b)  c)  d)

_____ _____ _____ _____

9. Vervollständige die Tabelle.

Abfahrt	10:00 Uhr	11:10 Uhr			20:10 Uhr	21:20 Uhr
Fahrzeit	40 min	30 min	30 min	40 min		
Ankunft			12:40 Uhr	15:00 Uhr	20:55 Uhr	21:45 Uhr

6 | Umfang und Flächeninhalt

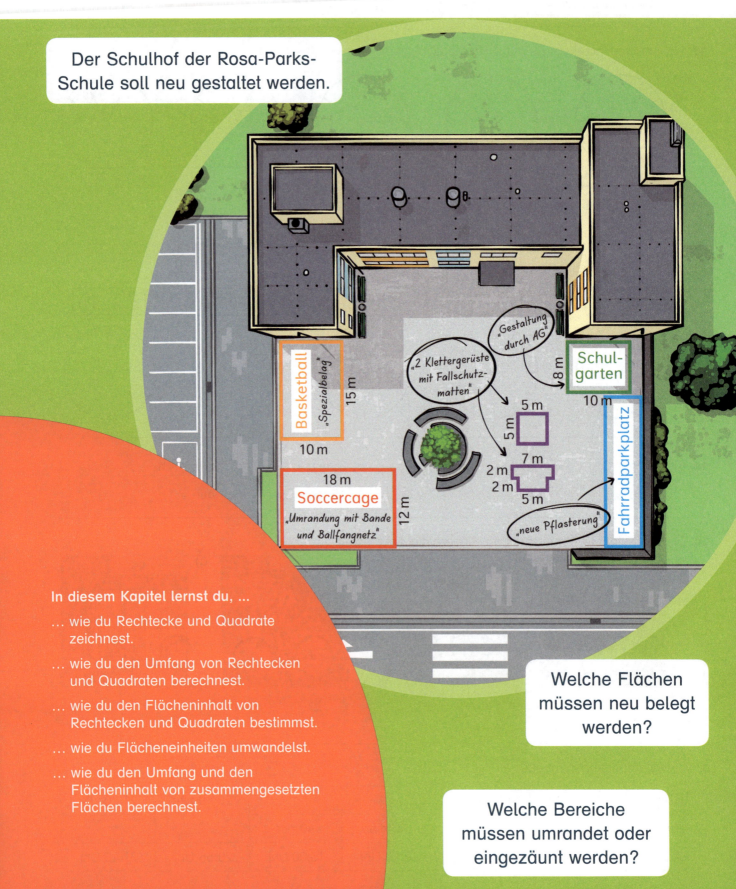

Der Schulhof der Rosa-Parks-Schule soll neu gestaltet werden.

Welche Flächen müssen neu belegt werden?

Welche Bereiche müssen umrandet oder eingezäunt werden?

In diesem Kapitel lernst du, ...

... wie du Rechtecke und Quadrate zeichnest.

... wie du den Umfang von Rechtecken und Quadraten berechnest.

... wie du den Flächeninhalt von Rechtecken und Quadraten bestimmst.

... wie du Flächeneinheiten umwandelst.

... wie du den Umfang und den Flächeninhalt von zusammengesetzten Flächen berechnest.

Umfang und Flächeninhalt

Rechteck und Quadrat

Ein **Rechteck** hat vier rechte Winkel.
Gegenüberliegende Seiten sind gleich lang.
Gegenüberliegende Seiten sind parallel.

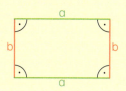

Ein **Quadrat** ist ein besonderes Rechteck.
Alle Seiten sind gleich lang.
Auch ein Quadrat hat vier rechte Winkel.
Gegenüberliegende Seiten sind parallel.

So zeichnest du ein Rechteck mit den Seitenlängen a = 5 cm und b = 3 cm.

①  ②  ③ 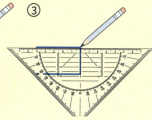 ④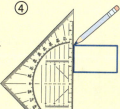

1. Ist die Aussage wahr oder falsch? Kreuze an.

	wahr	falsch
a) Jedes Rechteck hat vier gleich lange Seiten.		
b) In jedem Rechteck sind die gegenüberliegenden Seiten gleich lang.		
c) Jedes Quadrat hat vier gleich lange Seiten.		
d) Jedes Quadrat hat vier Ecken.		
e) In jedem Rechteck sind die gegenüberliegenden Seiten parallel.		

2. Miss die Seitenlängen. Ergänze zum Rechteck.

a)

_____ cm

_____ cm

b)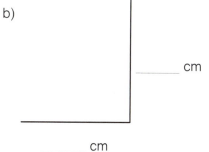

_____ cm

_____ cm

3. Zeichne das Rechteck.
  a) a = 5 cm, b = 3 cm
  b) a = 2 cm, b = 4 cm
  c) a = 4 cm, b = 4 cm

_____
     a

_____
     a

_____
     a

Umfang einer Fläche

> Der **Umfang u** einer Figur ist die **Summe ihrer Seitenlängen**.
> Du berechnest ihn, indem du alle Seitenlängen der Figur addierst.
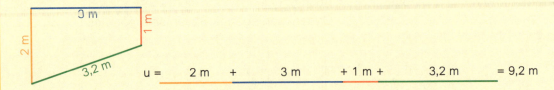
> u = 2 m + 3 m + 1 m + 3,2 m = 9,2 m

1. Welche Schnecke hat den längeren Weg um die Figur herum?

Rudi: 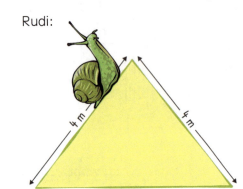   Isi: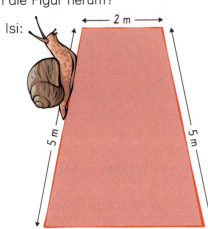

Länge des Weges:

_____ m + _____ m + _____ m = _____ m

Länge des Weges:

_____ m + _____ m + _____ m + _____ m = _____ m

A: Den längeren Weg hat _____ .

---

2. Im Neustadter Tierpark bekommen zwei Gehege neue Zäune.
Wie viel Meter Zaun werden für das Gehege benötigt?

a)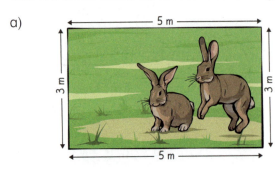

u = _____

u = _____ m

Es werden _____ m Zaun benötigt.

b)

u = _____

u = _____ m

Es werden _____ m Zaun benötigt.

Umfang und Flächeninhalt

Umfang von Rechteck und Quadrat

Umfang eines **Rechtecks**:
$u = 2 \cdot a + 2 \cdot b$

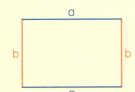

gegeben: $a = 6\,cm$, $b = 3\,cm$
$u = 2 \cdot a + 2 \cdot b$
$u = 2 \cdot 6\,cm + 2 \cdot 3\,cm$
$u = 12\,cm + 6\,cm$
$u = 18\,cm$

Umfang eines **Quadrats**:
$u = 4 \cdot a$

gegeben: $a = 3\,cm$
$u = 4 \cdot a$
$u = 4 \cdot 3\,cm$
$u = 12\,cm$

Video

1. Miss die Seiten a und b. Berechne den Umfang des Rechtecks.

a)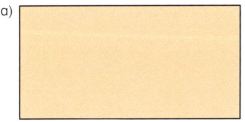

b = _____ cm
a = _____ cm

$u = 2 \cdot a + 2 \cdot b$
$u = 2 \cdot$ _____ $+ 2 \cdot$ _____
$u =$ _____ cm

b)

b = _____ cm
a = _____ cm

$u =$ _____
$u =$ _____
$u =$ _____ cm

2. Zeichne ein Quadrat mit der Seitenlänge a = 2 cm. Berechne den Umfang.

$u =$ _____
$u =$ _____
$u =$ _____ cm

3. Berechne die Länge des Bauzauns.

a)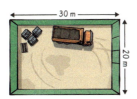

b)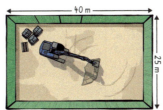

c)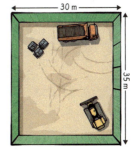

$u =$ _____
$u =$ _____
$u =$ _____

$u =$ _____
$u =$ _____
$u =$ _____

$u =$ _____
$u =$ _____
$u =$ _____

Flächeninhalte vergleichen

Der **Flächeninhalt** ist ein Maß für die Größe einer Fläche. Du kannst die Größe von zwei verschiedenen Flächen vergleichen, indem du sie mit gleich großen Teilflächen auslegst.

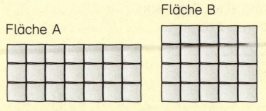

Fläche A ist mit 21 Quadraten ausgelegt, Fläche B nur mit 20. Also ist Fläche A größer.

1. Färbe gleich große Figuren in der gleichen Farbe.

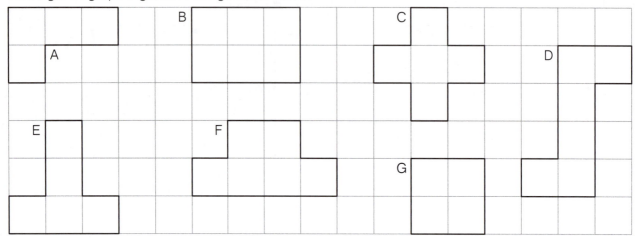

2. Zeichne zu der gegebenen Figur zwei gleich große Figuren.

3. Wie viele Karos enthält das Rechteck?

a)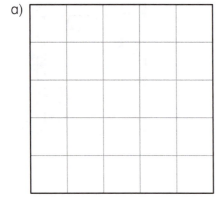

b)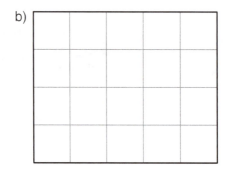

c)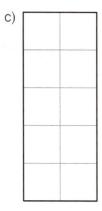

_____ Karos _____ Karos _____ Karos

Umfang und Flächeninhalt — SB S. 171 — BLEIB FIT — 99

Wiederholungsaufgaben

Die Lösungen ergeben die Namen von Städten in Deutschland.

1. a) 4 km 800 m = _____ m b) 0,080 km = _____ m
   4 km 80 m = _____ m   0,120 km = _____ m

2. a) 1 kg 700 g = _____ g b) 1,770 kg = _____ g
   1 kg 967 g = _____ g   0,070 kg = _____ g

1. a)		1. b)		2. a)		2. b)	

2. a) 1 h = _____ min   b) 3 m = _____ cm   c) 408 cm = _____ m
   3 h = _____ min   1,20 m = _____ cm   70 cm = _____ m
   1 h 30 min = _____ min 0,56 m = _____ cm 304 cm = _____ m

2. a)			2. b)			2. c)		

3. a) 7 · 8 = _____   b) 5 · 30 = _____   c) 32 : 4 = _____   d) 180 : 2 = _____
   6 · 9 = _____   6 · 50 = _____   63 : 9 = _____   400 : 5 = _____
   5 · 6 = _____   3 · 40 = _____   24 : 4 = _____   210 : 3 = _____

3. a)			3. b)			3. c)			3. d)		

4. a) 1 2 4 · 5   b) 1 3 4 · 3   c) 5 4 6 · 4   d) 2 8 1 · 7

5. Im Supermarkt werden Waren angeliefert. Berechne jeweils die Gesamtzahl.
   a) 295 Kästen   b) 145 Paletten

_____ Flaschen   _____ Dosen

4. a)	4. b)	4. c)	4. d)	5. a)	5. b)

Lösungsbuchstaben:
R | 0,7
G | 3,04
U | 4,08
W | 6
H | 7
C | 8
A | 30
R | 54
B | 56
F | 60
G | 70
I | 80
E | 90
S | 120
U | 150
L | 180
N | 300
R | 402
E | 620
T | 1 305
B | 1 700
R | 1 770
U | 1 967
F | 2 184
U | 4 080
D | 4 800

Einheitsflächen: m², dm², cm², mm²

Flächeninhalte werden mit **einheitlichen Maßquadraten** angegeben.
Ein Quadrat mit der Seitenlänge 1 m heißt **Quadratmeter (1 m²)**.
Ein Quadrat mit der Seitenlänge 1 dm heißt **Quadratdezimeter (1 dm²)**.
Ein Quadrat mit der Seitenlänge 1 cm heißt **Quadratzentimeter (1 cm²)**.
Ein Quadrat mit der Seitenlänge 1 mm heißt **Quadratmillimeter (1 mm²)**.

Turnmatte ca. 2 m²
Untersetzer ca. 1 dm²
Briefmarke ca. 6 cm²
Punkt ca. 1 mm²

1. Ist die Fläche größer als ein Quadratmeter? Kreuze an.

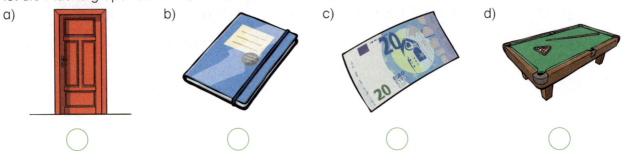

a)   b)   c)   d)

2. Ordne zu.

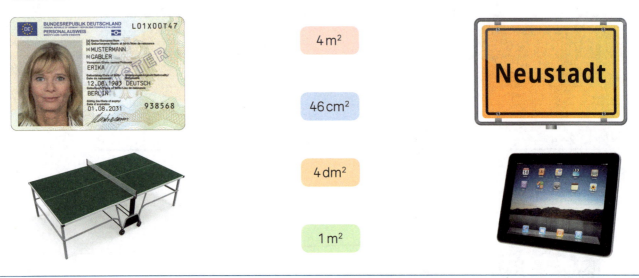

4 m²
46 cm²
4 dm²
1 m²

3. Mit welcher Einheit würdest du diese Flächen messen? Trage ein: mm², cm² oder m²

Umfang und Flächeninhalt

Du kannst Flächeninhalte in verschiedenen Einheiten angeben. Dabei gilt:
1 m² = 100 dm²   **1 dm² = 100 cm²**   **1 cm² = 100 mm²**

So wandelst du in die **nächstkleinere** Einheit um:

· 100: 4 m² = 400 dm²   25 dm² = 2 500 cm²

So wandelst du in die **nächstgrößere** Einheit um:

3 400 mm² = 34 cm²   9 000 dm² = 90 m²
(: 100)

4. Ergänze die fehlenden Angaben.

a) 1 cm² = 100 mm²   b) ___ cm² = ___ mm²   c) ___ cm² = ___ mm²   d) ___ cm² = ___ mm²

5. Wandle um in die nächstkleinere Einheit.

a) 1 cm² = ___ mm²   b) 6 dm² = ___ cm²   c) 3 m² = ___ dm²
   3 cm² = ___ mm²   10 dm² = ___ cm²   4 m² = ___ dm²

6. Schreibe ohne Komma.

a) 2,9 cm² = _290_ mm²   b) 4,5 cm² = ___ mm²   c) 7,4 dm² = ___ cm²
   0,6 cm² = _60_ mm²   0,8 cm² = ___ mm²   0,2 dm² = ___ cm²

7. Wandle um in die nächstgrößere Einheit.

a) 600 mm² = ___ cm²   b) 900 cm² = ___ dm²   c) 300 dm² = ___ m²
   200 mm² = ___ cm²   1 500 cm² = ___ dm²   2 000 dm² = ___ m²

8. Schreibe mit Komma.

a) 350 mm² = _3,50_ cm²   b) 870 mm² = ___ cm²   c) 248 cm² = ___ dm²
   75 cm² = _0,75_ dm²   80 mm² = ___ cm²   90 cm² = ___ dm²

9. Kleiner, größer oder gleich? Setze ein: >, < oder =

a) 7 cm² ☐ 70 mm²   b) 3 cm² ☐ 70 mm²   c) 700 cm² ☐ 7 dm²
   400 cm² ☐ 40 dm²   600 cm² ☐ 6 dm²   400 mm² ☐ 1 cm²
   5 cm² ☐ 500 mm²   5 m² ☐ 500 dm²   5 m² ☐ 500 cm²

10. Ordne nach der Größe. Beginne mit dem kleinsten Wert.

a) 4 cm², 10 mm², 1 dm², 0,5 cm²   b) 1 m², 70 dm², 80 cm², 0,2 m²

___ < ___ < ___ < ___   ___ < ___ < ___ < ___

Ar, Hektar, Quadratkilometer

Ein Quadrat mit 1 km Seitenlänge heißt **Quadratkilometer (1 km²)**.
Ein Quadrat mit 100 m Seitenlänge heißt **Hektar (1 ha)**.
Ein Quadrat mit 10 m Seitenlänge heißt **Ar (1 a)**.

Es gilt: 1 km² = 100 ha   1 ha = 100 a   1 a = 100 m²

Beispiele: Blausteinsee in Nordrhein-Westfalen   Innenraum des Olympiastadions in Berlin   Hälfte eines Tennisplatzes

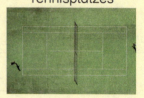

1. Ordne zu.

①    ②    ③    ④

1 ha   1 m²   1 km²   1 a

2. Wandle um in die nächstkleinere Einheit.

a) 3 km² = _____ ha   b) 8 ha = _____ a   c) 9 a = _____ m²

    6 km² = _____ ha   3 ha = _____ a   10 a = _____ m²

3. Schreibe ohne Komma.

a) 0,9 km² = __90__ ha   b) 0,5 ha = _____ a   c) 4,7 a = _____ m²

    6,6 km² = __660__ ha   8,2 ha = _____ a   6,25 a = _____ m²

4. Wandle um in die nächstgrößere Einheit.

a) 500 m² = _____ a   b) 400 a = _____ ha   c) 900 ha = _____ km²

    600 m² = _____ a   1 000 a = _____ ha   1 200 ha = _____ km²

5. Schreibe mit Komma.

a) 150 m² = __1,5__ a   b) 350 a = _____ ha   c) 90 ha = _____ km²

    40 m² = __0,4__ ha   70 a = _____ ha   670 ha = _____ km²

6. Kleiner, größer oder gleich? Setze ein: >, < oder =

a)   5 ha ☐ 3 km²   b)   2 m² ☐ 0,1 a   c)   1,1 km² ☐ 110 ha

    7 km² ☐ 90 ha   240 ha ☐ 2,4 km²   12 ha ☐ 1 200 a

    120 m² ☐ 1 a   0,5 km² ☐ 50 ha   5,7 a ☐ 57 m²

Flächeninhalt von Rechteck und Quadrat

Für den **Flächeninhalt A** eines **Rechtecks** mit der Länge a und der Breite b gilt:
A = Länge · Breite
A = a · b

gegeben: Rechteck mit a = 5 cm und b = 3 cm
gesucht: Flächeninhalt A

A = a · b
A = 5 cm · 3 cm
A = 15 cm²

Für den **Flächeninhalt A** eines **Quadrats** mit der Seitenlänge a gilt:
A = Seite · Seite
A = a · a

gegeben: Quadrat mit a = 4 m
gesucht: Flächeninhalt A

A = a · a
A = 4 m · 4 m
A = 16 m²

1. Miss die Seiten a und b. Berechne den Flächeninhalt des Rechtecks.

a)

b = _____ cm

a = _____ cm

A = a · b
A = _____ · _____
A = _____ cm²

b)

b = _____ cm

a = _____ cm

A = _____
A = _____
A = _____ cm²

2. Zeichne das Rechteck. Berechne den Flächeninhalt.
a) a = 5 cm, b = 4 cm
b) a = 3 cm, b = 4 cm
c) a = 4 cm, b = 2,5 cm

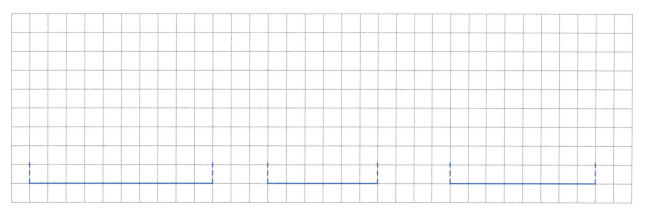

A = _____   A = _____   A = _____
A = _____   A = _____   A = _____
A = _____   A = _____   A = _____

3. Berechne den Flächeninhalt.

a) 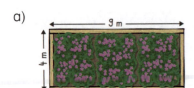   b) 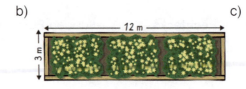   c)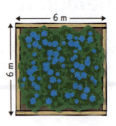

A = a · b   A = _____   A = _____

A = _____ · _____   A = _____ · _____   A = _____ · _____

A = _____ m²   A = _____ m²   A = _____ m²

4. Der Flächeninhalt und eine Seitenlänge des Rechtecks sind gegeben.
Wie lang ist die andere Seite des Rechtecks? Zeichne das Rechteck.

a) a = 5 cm, b = _____ cm   b) a = 3 cm, b = _____ cm   c) a = 4 cm, b = _____ cm

A = 10 cm²   A = 9 cm²   A = 12 cm²

5. Ergänze den fehlenden Wert für das Rechteck.

	a)	b)	c)	d)	e)
Seite a	2 cm	1,5 cm	4 cm	10 cm	8 cm
Seite b	7 cm	4 cm	7,5 cm		
Flächeninhalt A				40 cm²	16 cm²

6. a) Zeichne ein Rechteck, das doppelt so lang und doppelt so breit ist.

b) Welche Aussage ist richtig? Kreuze an.

Werden die Seiten eines Rechtecks verdoppelt,
dann ist der Flächeninhalt des neuen Rechtecks …

○ … doppelt so groß.   ○ … dreimal so groß.   ○ … viermal so groß.

Umfang und Flächeninhalt

Sachaufgaben

Lösen von Sachaufgaben

„Ein Pferdezüchter möchte eine neue rechteckige Pferdeweide einzäunen. Sie soll 200 m lang und 400 m breit sein. Wie viel Meter Zaun benötigt er?"

① Fertige eine **Skizze** an.

② Notiere **gegebene** und **gesuchte Größen**.

③ Führe die Rechnungen durch.

④ Notiere eine **Antwort**.

gegeben:
Länge a = 200 m
Breite b = 400 m
gesucht:
Umfang u

$u = 2 \cdot a + 2 \cdot b$
$u = 2 \cdot 200\,m + 2 \cdot 400\,m$
$u = 1\,200\,m$

Der Pferdezüchter benötigt insgesamt 1 200 m Zaun.

---

1. Ein Gehege ist 8 m lang und 6 m breit. Welche Fragen kannst du beantworten? Kreuze an.

○ Wie groß ist der Flächeninhalt?

○ Reichen 25 m Zaun?

○ Wie teuer wird der Zaun?

---

2. Was ist gesucht, Flächeninhalt oder Umfang? Kreuze an.

	Flächeninhalt	Umfang
a) Das Kaninchengehege wird eingezäunt.		
b) Die Hauswand wird gestrichen.		
c) Das Zimmer wird mit Teppichboden ausgelegt.		
d) Um das Grundstück wird ein Zaun errichtet.		

---

3. Eine 40 m langes und 20 m breites Beet wird mit Tulpen bepflanzt.

Wie groß ist die Fläche des Beetes?

Skizze:

gegeben:

Rechnung:

gesucht:

Antwort:

4. Eine 40 m lange und 15 m breite Baustelle wird eingezäunt
Für die Einfahrt der Baufahrzeuge bleiben 4 m frei.

Wie viel Meter Zaun werden benötigt?

Skizze: gegeben: Rechnung:

              gesucht:

Antwort:

5. Das Dach einer Scheune muss neu mit Ziegeln eingedeckt werden.

Wie viel Quadratmeter ist die Dachhälfte groß?
Wie viel Quadratmeter ist die gesamte Fläche groß?

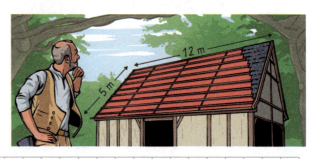

Skizze: gegeben: Rechnung:

              gesucht: 2

Antwort:

6. Ein Schwimmbecken ist 25 m lang und 8 m breit. Der Boden soll gefliest werden.
Wie groß ist die Bodenfläche des Schwimmbeckens?

Zusammengesetzte Flächen

Du kannst den **Flächeninhalt A** einer zusammengesetzten Fläche auf **zwei Arten** berechnen. 📹 Video

① **Zerlegen** und **addieren**.

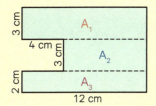

$A = A_1 + A_2 + A_3$
$A_1 = 12\,cm \cdot 3\,cm = 36\,cm^2$
$A_2 = 8\,cm \cdot 3\,cm = 24\,cm^2$
$A_3 = 12\,cm \cdot 2\,cm = 24\,cm^2$
$A = 36\,cm^2 + 24\,cm^2 + 24\,cm^2 = 84\,cm^2$

② **Ergänzen** und **subtrahieren**.

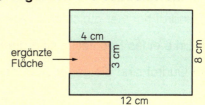

$A = A_{Rechteck} - A_{ergänzte\ Fläche}$
$A_{Rechteck} = 12\,cm \cdot 8\,cm = 96\,cm^2$
$A_{ergänzte\ Fläche} = 4\,cm \cdot 3\,cm = 12\,cm^2$
$A = 96\,cm^2 - 12\,cm^2 = 84\,cm^2$

1. Berechne den Flächeninhalt der zusammengesetzten Fläche.

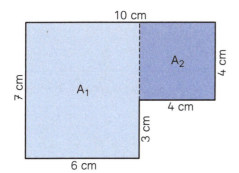

$A_1 = $ _____ · _____ $A = A_1 + A_2$

$A_1 = $ _____ cm^2 $A = $ _____ + _____

$A_2 = $ _____ · _____ $A = $ _____ cm^2

$A_2 = $ _____ cm^2

---

2. Berechne den Flächeninhalt.

a)

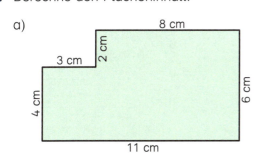

$A_1 = $ _____ $A = $ _____

$A_1 = $ _____ cm^2 $A = $ _____

$A_2 = $ _____ $A = $ _____ cm^2

$A_2 = $ _____ cm^2

b)

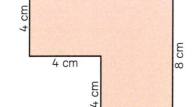

$A_1 = $ _____ $A = $ _____

$A_1 = $ _____ $A = $ _____

$A_2 = $ _____ $A = $ _____

$A_2 = $ _____

1. Ist die Aussage wahr oder falsch? Kreuze an.

	wahr	falsch
a) Jedes Rechteck ist auch ein Quadrat.		
b) Jedes Rechteck hat vier gleichlange Seiten.		
c) Jedes Quadrat hat vier gleichlange Seiten.		
d) In jeder Ecke eines Rechtecks sind die Seiten senkrecht zueinander.		
e) In jedem Qudrat sind die gegenüberliegenden Seiten parallel.		

2. Miss die Seitenlängen. Ergänze zum Rechteck.

a)
____ cm
____ cm

b)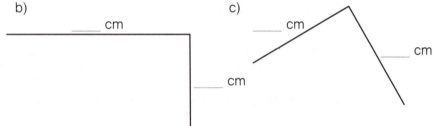
____ cm
____ cm

c)
____ cm
____ cm

3. Welche Fläche hat den größten Umfang?

Ⓐ  6 m × 6 m

Ⓑ 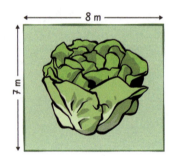 8 m × 7 m

Ⓒ 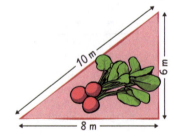 10 m, 8 m, 6 m

u = _____   u = _____   u = _____
u = _____   u = _____   u = _____
u = _____   u = _____   u = _____

A: _____

4. Ordne die Flächen nach ihrer Größe.

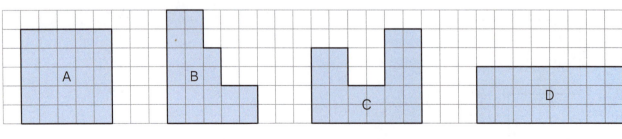

____ Karos   ____ Karos   ____ Karos   ____ Karos

____ > ____ > ____ > ____

Umfang und Flächeninhalt SB S. 185–187 TRAINER 109

5. Kleiner, größer oder gleich? Setze ein: <, > oder =

a) 6 ha ☐ 2 km²
    11 m² ☐ 700 dm²
    200 m² ☐ 2 a
    400 ha ☐ 5 km²

b) 5 km² ☐ 400 ha
    400 a ☐ 1 ha
    3 km² ☐ 300 ha
    6 dm² ☐ 600 cm²

c) 5 m² ☐ 50 dm²
    120 cm² ☐ 2 dm²
    500 m² ☐ 5 a
    300 ha ☐ 1 km²

6. a)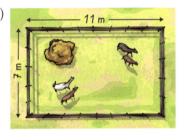

$A = a \cdot b$
$A = \underline{} \cdot \underline{}$
$A = \underline{}$ m²
$u = 2 \cdot a + 2 \cdot b$
$u = 2 \cdot \underline{} + 2 \cdot \underline{}$
$u = \underline{}$ m

b)

$A = \underline{}$
$A = \underline{} \cdot \underline{}$
$A = \underline{}$ m²
$u = \underline{}$
$u = \underline{}$
$u = \underline{}$ m

c)

$A = \underline{}$
$A = \underline{} \cdot \underline{}$
$A = \underline{}$ m²
$u = \underline{}$
$u = \underline{}$
$u = \underline{}$ m

7. Eine 10 m lange und 8 m breite Gartenfläche wird mit Rollrasen belegt. Wie viel Quadratmeter Rollrasen werden benötigt?

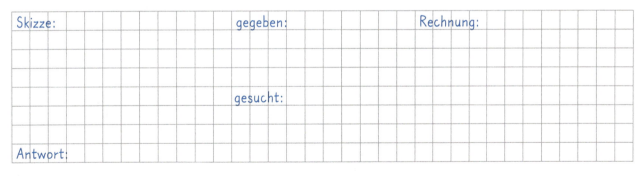

Skizze: gegeben: Rechnung:

gesucht:

Antwort:

8. Berechne den Flächeninhalt des Tiergeheges.

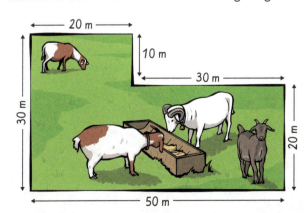

$A_1 = \underline{}$
$A_1 = \underline{}$

$A_2 = \underline{}$
$A_2 = \underline{}$

$A = \underline{}$
$A = \underline{}$
$A = \underline{}$

7 | Brüche

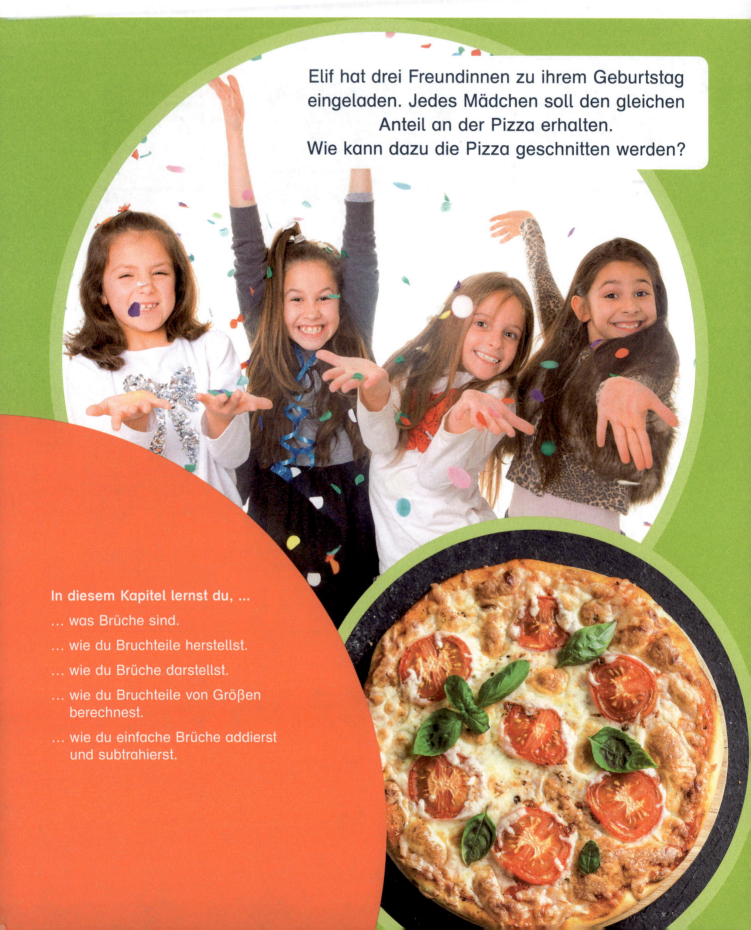

Elif hat drei Freundinnen zu ihrem Geburtstag eingeladen. Jedes Mädchen soll den gleichen Anteil an der Pizza erhalten.
Wie kann dazu die Pizza geschnitten werden?

In diesem Kapitel lernst du, ...

... was Brüche sind.

... wie du Bruchteile herstellst.

... wie du Brüche darstellst.

... wie du Bruchteile von Größen berechnest.

... wie du einfache Brüche addierst und subtrahierst.

Bruchteile erkennen und darstellen

Tabea und Jonas teilen sich eine Pizza. Jedes Kind erhält eine halbe Pizza.

 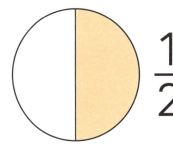

> Ein **Bruchteil** ist ein Teil eines Ganzen.
> Teilst du ein Ganzes in 2, 3, 4, … gleich große Teile, so erhälst du Halbe, Drittel, Viertel, …
>
> ein Halb   ein Drittel   ein Viertel
>
>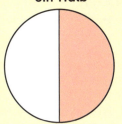

1. Welcher Bruchteil ist gefärbt?

    a)   b)    c)    d)   e)

2. Färbe immer ein Feld. Gib den Bruchteil an.

    a)   b) 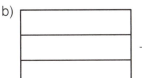   c)    d)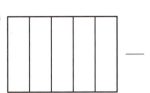

3. Zeichne gleich große Teile ein. Färbe den angegebenen Bruchteil.

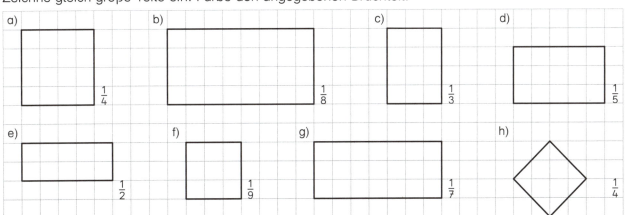

Brüche

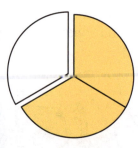

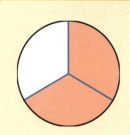

$\dfrac{2}{3}$ — Zähler
— Bruchstrich
— Nenner

Der **Zähler** zählt die Teile, die vom Ganzen genommen werden.

Der **Nenner** gibt an, in wie viele Teile das Ganze geteilt wurde.

4. Welcher Bruchteil der Figur ist gefärbt?

a)   b) 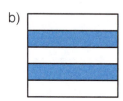 c) 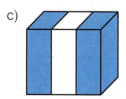 d)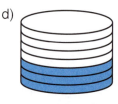

—   —   —   —

5. Färbe den angegebenen Bruchteil.

a)   b) 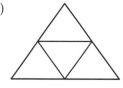 c) 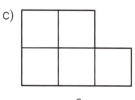 d)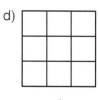

$\dfrac{3}{7}$ $\dfrac{2}{4}$ $\dfrac{3}{5}$ $\dfrac{4}{9}$

e) 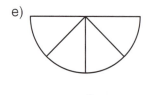 f) 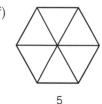 g) 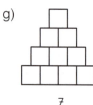 h)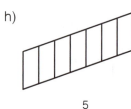

$\dfrac{3}{4}$ $\dfrac{5}{6}$ $\dfrac{7}{10}$ $\dfrac{5}{7}$

6. Welcher Bruchteil ist im Kreis gefärbt? Färbe denselben Bruchteil in jeder Figur.

 —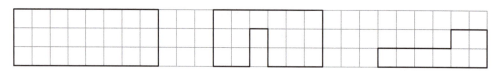

Brüche SB S. 194–197 113

7. Färbe den angegebenen Bruchteil.

a) $\frac{2}{3}$ b) $\frac{4}{5}$ c) $\frac{3}{4}$ d) $\frac{4}{6}$

e) $\frac{2}{6}$ f) $\frac{3}{5}$ g) $\frac{2}{6}$ h) $\frac{5}{8}$

8. Immer dasselbe Rechteck. Färbe den angegebenen Bruchteil.

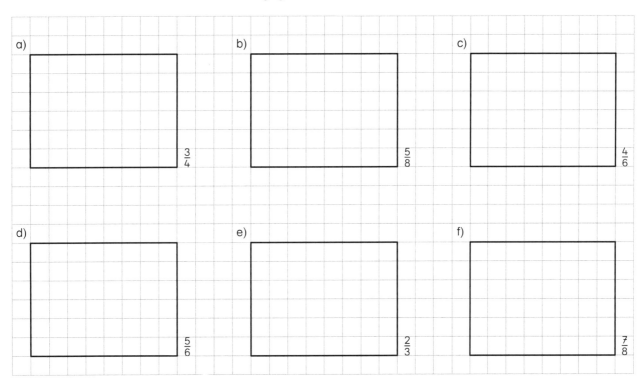

a) $\frac{3}{4}$ b) $\frac{5}{8}$ c) $\frac{4}{6}$

d) $\frac{5}{6}$ e) $\frac{2}{3}$ f) $\frac{7}{8}$

9. Welche Figuren kannst du mit 2 geraden Linien in 4 gleiche Teile zerlegen? Zeichne ein.

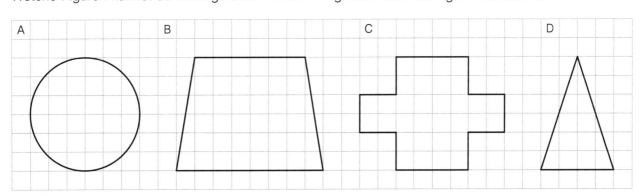

Brüche

Bruchteile von Größen bestimmen

So berechnest du einen **Bruchteil** vom Ganzen. Berechne $\frac{2}{5}$ von 10 km.

① Dividiere das Ganze durch den **Nenner**.
① $\frac{1}{5}$ von 10 km:
10 km : 5 = 2 km

② Multipliziere das Ergebnis mit dem **Zähler**.
② $\frac{2}{5}$ von 10 km:
2 km · 2 = 4 km
$\frac{2}{5}$ von 10 km sind 4 km.

1. Wie viele Punkte sind es insgesamt? Färbe den Bruchteil. Schreibe auf.

a) $\frac{1}{3}$ von 15 = 15 : 3 = ___

b) $\frac{1}{4}$ von ___ = ___ : ___ = ___

c) $\frac{1}{5}$ von ___ = ___ : ___ = ___

2. a) $\frac{1}{3}$ von 18 € = ___   b) $\frac{1}{2}$ von 18 m = ___   c) $\frac{1}{4}$ von 80 g = ___

$\frac{1}{6}$ von 18 € = ___ $\frac{1}{5}$ von 45 m = ___ $\frac{1}{3}$ von 90 g = ___

$\frac{1}{2}$ von 18 € = ___ $\frac{1}{6}$ von 54 m = ___ $\frac{1}{6}$ von 120 g = ___

$\frac{1}{9}$ von 18 € = ___ $\frac{1}{8}$ von 72 m = ___ $\frac{1}{5}$ von 150 g = ___

3. Färbe und berechne.

a) $\frac{1}{4}$ von ___ = ___ $\frac{3}{4}$ von ___ = ___

b) $\frac{1}{5}$ von ___ = ___ $\frac{3}{5}$ von ___ = ___

4. a) $\frac{4}{5}$ von ___ = ___

b) $\frac{5}{6}$ von ___ = ___

c) $\frac{3}{8}$ von ___ = ___

Brüche

5. Berechne.

a) $\frac{1}{4}$ von 8 = ____ b) $\frac{1}{4}$ von 40 = ____ c) $\frac{1}{4}$ von 20 = ____ d) $\frac{1}{4}$ von 100 = ____

$\frac{3}{4}$ von 8 = ____ $\frac{3}{4}$ von 40 = ____ $\frac{3}{4}$ von 20 = ____ $\frac{3}{4}$ von 100 = ____

e) $\frac{1}{3}$ von 9 = ____ f) $\frac{1}{3}$ von 30 = ____ g) $\frac{1}{3}$ von 21 = ____ h) $\frac{1}{3}$ von 60 = ____

$\frac{2}{3}$ von 9 = ____ $\frac{2}{3}$ von 30 = ____ $\frac{2}{3}$ von 21 = ____ $\frac{2}{3}$ von 60 = ____

6. a) $\frac{2}{3}$ von 24 = ____ b) $\frac{3}{4}$ von 400 = ____ c) $\frac{4}{5}$ von 2 500 = ____

$\frac{3}{4}$ von 16 = ____ $\frac{5}{8}$ von 160 = ____ $\frac{5}{6}$ von 6 000 = ____

$\frac{4}{5}$ von 25 = ____ $\frac{2}{7}$ von 140 = ____ $\frac{7}{8}$ von 4 000 = ____

7. a) $\frac{3}{4}$ von 40 kg = ____ b) $\frac{3}{5}$ von 350 kg = ____ c) $\frac{2}{3}$ von 3 000 m = ____

$\frac{3}{8}$ von 72 kg = ____ $\frac{2}{10}$ von 900 kg = ____ $\frac{5}{7}$ von 2 100 m = ____

$\frac{5}{6}$ von 36 kg = ____ $\frac{5}{8}$ von 480 kg = ____ $\frac{7}{9}$ von 3 600 m = ____

8. Ein Fahrrad kostet 320 €.

Lena hat schon $\frac{3}{4}$ davon gespart.

Wie viel Euro hat Lena gespart?

R: ____

A: ____

9. Die Klasse 5b hat 24 Schüler.

$\frac{1}{4}$ der Schüler kommt mit dem Fahrrad zur Schule.

$\frac{1}{3}$ der Schüler kommt zu Fuß.

Alle anderen fahren mit dem Bus.

Wie viele Schüler sind es jeweils?

Mit dem Fahrrad: Zu Fuß: Mit dem Bus:

$\frac{1}{4}$ von ____ = ____ Schüler $\frac{1}{3}$ von ____ = ____ Schüler   ____ Schüler

10. Für den Bau einer Seifenkiste benötigt Simone $\frac{1}{2}$ m Rundstahl.

Wie viel Zentimeter Rundstahl muss Simone kaufen?

$\frac{1}{2}$ m = $\frac{1}{2}$ von 100 cm = _____

A: _____

TIPP: 1 m = 100 cm

11. a) $\frac{1}{5}$ m = _____

$\frac{3}{5}$ m = _____

$\frac{4}{5}$ m = _____

b) $\frac{1}{4}$ m = _____

$\frac{3}{4}$ m = _____

$\frac{7}{10}$ m = _____

12. Kevin möchte für seine Freunde einen Kuchen backen. Dafür benötigt er $\frac{3}{4}$ kg Mehl.

Wie viel Gramm Mehl benötigt Kevin für den Kuchen?

$\frac{3}{4}$ kg = $\frac{3}{4}$ von 1 000 g = _____

A: _____

TIPP: 1 kg = 1 000 g

13. a) $\frac{4}{5}$ kg = _____

$\frac{6}{10}$ kg = _____

$\frac{7}{10}$ kg = _____

b) $\frac{1}{4}$ kg = _____

$\frac{1}{8}$ kg = _____

$\frac{3}{8}$ kg = _____

14. Immer zwei Längen sind gleich. Färbe mit der gleichen Farbe.

a) 25 cm | $\frac{1}{2}$ m | 50 cm
$\frac{7}{10}$ m | $\frac{1}{4}$ m | 70 cm

b) 40 cm | $\frac{3}{4}$ m | 80 cm
$\frac{8}{10}$ m | $\frac{2}{5}$ m | 75 cm

15. Immer zwei Massen sind gleich. Färbe mit der gleichen Farbe.

a) $\frac{1}{2}$ kg | 250 g | $\frac{1}{10}$ kg
100 g | 200 g
500 g | $\frac{1}{4}$ kg | $\frac{1}{5}$ kg

b) $\frac{3}{10}$ kg | $\frac{3}{4}$ kg | 300 g
750 g | 900 g
400 g | $\frac{9}{10}$ kg | $\frac{2}{5}$ kg

Brüche — Wiederholungsaufgaben

Die Lösungen ergeben die Namen von Früchten.

1.
a) 3 4 5 + 2 5 3
b) 6 1 8 + 8 1
c) 6 4 8 + 3 4 5
d) 7 6 3 + 4 8

2.
a) 6 7 5 − 2 3 4
b) 4 7 6 − 5 4
c) 5 8 4 − 4 3 7
d) 8 5 3 − 7 6

1. a)	1. b)	1. c)	1. d)	2. a)	2. b)	2. c)	2. d)

3. a) Berechne den Umfang. b) Berechne den Flächeninhalt.

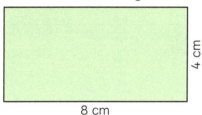
8 cm, 4 cm

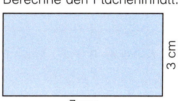
7 cm, 3 cm

u = _____ cm   A = _____ cm²

4. Wandle um.
a) 3 cm = _____ mm
b) 4 dm = _____ cm
c) 50 mm = _____ cm

5. Trage die Punkte in das Koordinatensystem ein und verbinde sie. Welche Figur entsteht? Kreuze an.

A(1|1), B(4|1), C(4|3), D(1|3)

○ Raute (22)
○ Rechteck (23)
○ Quadrat (25)

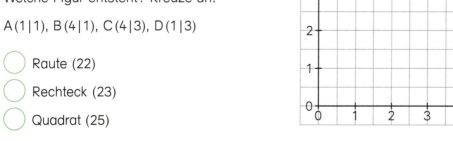

3. a)	3. b)	4. a)	4. b)	4. c)	5.

Buchstabenzuordnung:
G | 5, R | 21, Y | 22, E | 23, O | 24, M | 25, A | 30, N | 40, H | 127, M | 137, S | 147, A | 153, T | 300, S | 400, O | 422, K | 441, L | 500, A | 598, P | 699, E | 777, I | 811, Q | 822, U | 983, R | 993, F | 1001, Y | 1992

Brüche am Zahlenstrahl

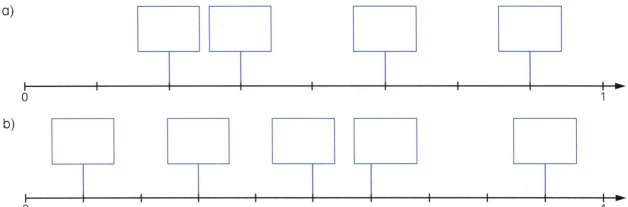

Brüche am Zahlenstrahl

Zwischen 0 und 1 gibt es fünf gleich große Teile. → Nenner 5
Die Zahl A steht an der vierten Stelle. → Zähler 4

$A = \frac{4}{5}$

1. Wie heißen die Brüche? Trage ein.

   a)

   b)

2. a) Unterteile die Strecke zwischen 0 und 1 in sechs gleich große Teile.

   b) Markiere $A = \frac{2}{6}$ $B = \frac{3}{6}$ $C = \frac{5}{6}$

   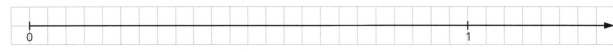

3. Trage die Brüche am passenden Zahlenstrahl ein.

   $\frac{6}{10}$ ~~$\frac{6}{10}$~~ $\frac{1}{5}$ $\frac{3}{5}$ $\frac{2}{10}$ $\frac{1}{4}$ $\frac{6}{8}$ $\frac{2}{8}$ $\frac{3}{4}$

4. Setze ein: < oder >

   a) $\frac{6}{10} \square \frac{6}{8}$ b) $\frac{1}{5} \square \frac{1}{4}$ c) $\frac{3}{4} \square \frac{1}{5}$ d) $\frac{3}{5} \square \frac{3}{4}$ e) $\frac{1}{4} \square \frac{3}{5}$

Brüche größer als ein Ganzes

Einen Bruch, der größer als ein Ganzes ist, kannst du als **gemischte Zahl** oder als **unechten Bruch** schreiben.

gemischte Zahl: $1\frac{2}{5}$
unechter Bruch: $\frac{7}{5}$

1 Ganzes und $\frac{2}{5}$

$1\frac{2}{5} = 1 + \frac{2}{5}$
$1\frac{2}{5} = \frac{5}{5} + \frac{2}{5}$
$1\frac{2}{5} = \frac{7}{5}$

1. Schreibe zu jedem Bild den Bruch und die gemischte Zahl.

a)

$1\frac{3}{4} =$ _____

b)

_____ = _____

c)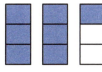

_____ = _____

2. Immer drei Karten gehören zusammen. Verbinde.

$2\frac{3}{6}$

$2\frac{1}{6}$

$2\frac{1}{5}$

$1\frac{3}{5}$

$1\frac{5}{6}$

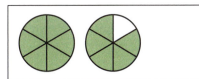
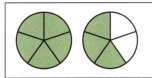
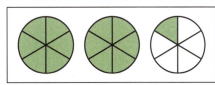
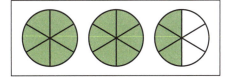

$\frac{8}{5}$

$\frac{15}{6}$

$\frac{11}{5}$

$\frac{11}{6}$

$\frac{13}{6}$

3. Schreibe die gemischte Zahl als Bruch.

a) $1\frac{1}{3} =$ _____
$1\frac{3}{4} =$ _____
$1\frac{5}{8} =$ _____

b) $1\frac{2}{5} =$ _____
$1\frac{5}{6} =$ _____
$1\frac{2}{7} =$ _____

c) $2\frac{3}{7} =$ _____
$2\frac{3}{5} =$ _____
$2\frac{1}{4} =$ _____

d) $3\frac{2}{3} =$ _____
$4\frac{3}{8} =$ _____
$3\frac{1}{5} =$ _____

Brüche mit gleichem Nenner addieren und subtrahieren

Brüche mit dem gleichen Nenner addierst du so:
Addiere die **Zähler**, der **Nenner** bleibt gleich.

$\frac{2}{8} + \frac{3}{8} = \frac{2+3}{8} = \frac{5}{8}$

1. Vervollständige die Zeichnung. Berechne.

   a) $\frac{3}{8} + \frac{2}{8} = $ _____

   b) $\frac{2}{8} + \frac{2}{8} = $ _____

   c) $\frac{4}{8} + \frac{3}{8} = $ _____

   d) $\frac{1}{8} + \frac{5}{8} = $ _____

2. Notiere die Rechnung.

   a) _____   b) _____   c) _____   d) _____

3. a) $\frac{2}{6} + \frac{2}{6} = $ _____

   b) $\frac{3}{6} + \frac{2}{6} = $ _____

   c) $\frac{1}{6} + \frac{4}{6} = $ _____

   d) $\frac{3}{6} + \frac{3}{6} = $ _____

4. a) $\frac{2}{5} + \frac{2}{5} = $ _____   b) $\frac{2}{10} + \frac{5}{10} = $ _____   c) $\frac{2}{5} + \frac{1}{5} = $ _____

   $\frac{1}{8} + \frac{4}{8} = $ _____ $\frac{3}{7} + \frac{2}{7} = $ _____ $\frac{6}{10} + \frac{3}{10} = $ _____

   $\frac{4}{9} + \frac{1}{9} = $ _____ $\frac{3}{10} + \frac{6}{10} = $ _____ $\frac{2}{8} + \frac{5}{8} = $ _____

5. Asil kauft am Getränkestand $\frac{1}{8}\,\ell$ Orangensaft. Ihr Bruder kauft $\frac{2}{8}\,\ell$. Wie viel Liter Orangensaft kaufen sie zusammen?

   R: _____

   A: _____

Brüche

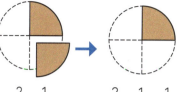

Brüche mit dem gleichen Nenner subtrahierst du so:
Subtrahiere die **Zähler**, der **Nenner** bleibt gleich.

$\dfrac{5}{8} - \dfrac{2}{8} = \dfrac{5-2}{8} = \dfrac{3}{8}$

6. Notiere die Rechnung.

a)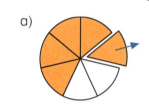
$\dfrac{5}{7} - \dfrac{1}{7} = \dfrac{4}{7}$

b)

c)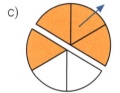

d)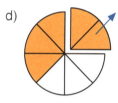

e)

f)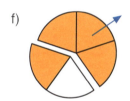

g)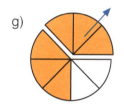

h)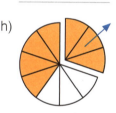

7. a) $\dfrac{5}{8} - \dfrac{3}{8} =$ ____   b) $\dfrac{6}{10} - \dfrac{5}{10} =$ ____   c) $\dfrac{4}{5} - \dfrac{1}{5} =$ ____

$\dfrac{7}{9} - \dfrac{3}{9} =$ ____ $\dfrac{8}{9} - \dfrac{3}{9} =$ ____ $\dfrac{6}{7} - \dfrac{3}{7} =$ ____

$\dfrac{4}{6} - \dfrac{3}{6} =$ ____ $\dfrac{6}{8} - \dfrac{3}{8} =$ ____ $\dfrac{8}{8} - \dfrac{3}{8} =$ ____

8. a) $\dfrac{5}{8} - $ ___ $= \dfrac{1}{8}$ b) $\dfrac{7}{9} - $ ___ $= \dfrac{5}{9}$ c) ___ $- \dfrac{2}{5} = \dfrac{1}{5}$

$\dfrac{4}{7} - $ ___ $= \dfrac{2}{7}$ $\dfrac{4}{5} - $ ___ $= \dfrac{1}{5}$ ___ $- \dfrac{3}{8} = \dfrac{1}{8}$

9. Im Krug waren $\dfrac{7}{8}$ ℓ Orangensaft.
Oskar füllt $\dfrac{2}{8}$ ℓ Orangensaft in ein Glas.
Wie viel Liter Saft sind danach noch im Krug?

R: _____

A: _____

1. Welcher Bruchteil ist gefärbt?

a) 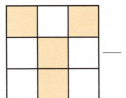 ___   b) 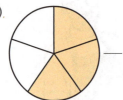 ___   c) 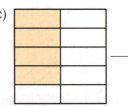 ___   d) 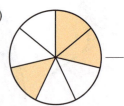 ___

2. Färbe den angegebenen Bruchteil.

a)  $\frac{3}{7}$ b)  $\frac{5}{8}$ c) 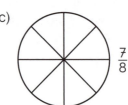 $\frac{7}{8}$ d) 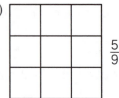 $\frac{5}{9}$

3. Färbe den Bruchteil. Ergänze die Rechnung.

a) ○○○○○
   ○○○○○
   ○○○○○

$\frac{1}{3}$ von 15 = _15 : 3_ = _____

b) □□□□□
   □□□□□
   □□□□□
   □□□□□

$\frac{1}{5}$ von 20 = _____ = _____

4. a) $\frac{1}{3}$ von 18 € = _18 € : 3_ = _____   b) $\frac{1}{5}$ von 30 € = _____ = _____

$\frac{1}{6}$ von 24 € = _____ = _____ $\frac{1}{7}$ von 28 € = _____ = _____

$\frac{1}{4}$ von 4 € = _____ = _____ $\frac{1}{8}$ von 24 € = _____ = _____

5. a) $\frac{1}{5}$ von 35 € = _____   b) $\frac{1}{4}$ von 32 € = _____   c) $\frac{1}{7}$ von 21 € = _____

$\frac{2}{5}$ von 35 € = _____ $\frac{3}{4}$ von 32 € = _____ $\frac{4}{7}$ von 21 € = _____

6. Berechne die Bruchteile.

a) $\frac{3}{4}$ von 20 = _____   b) $\frac{4}{5}$ von 500 = _____   c) $\frac{3}{8}$ von 4 000 = _____

$\frac{5}{6}$ von 36 = _____ $\frac{2}{3}$ von 210 = _____ $\frac{5}{6}$ von 6 000 = _____

$\frac{2}{3}$ von 27 = _____ $\frac{2}{6}$ von 300 = _____ $\frac{3}{7}$ von 5 600 = _____

7. Wie viel Gramm sind es?

a) $\frac{1}{2}$ kg = _____   b) $\frac{3}{10}$ kg = _____

$\frac{1}{4}$ kg = _____ $\frac{2}{10}$ kg = _____

$\frac{3}{4}$ kg = _____ $\frac{3}{5}$ kg = _____

Bildquellennachweis

|Alamy Stock Photo, Abingdon/Oxfordshire: GODBEHEAR, MANDY 110.1. |Alamy Stock Photo (RMB), Abingdon/Oxfordshire: Arco Images GmbH 102.3; King, Nathan 16.1; Luke, Martin 72.1; Pressfoto.co.uk 61.1; Studioshots 100.3. |Bundesministerium der Finanzen, Berlin: alle abgebildeten Euro-Münzvorderseiten. |Bundesministerium des Innern und für Heimat, Berlin: 100.10. |Deutscher Verkehrssicherheitsrat e.V. (DVR) / www.dvr.de, Bonn: 44.2, 44.3, 44.4. |Europäische Zentralbank, Frankfurt am Main: alle abgebildeten Euro-Scheine. |Fero Art - Illustration & Grafik Design, Moers: 2.2, 2.3, 3.3, 3.4, 3.5, 3.6, 3.7, 3.8, 4.2, 14.4, 14.5, 14.6, 15.1, 16.2, 16.3, 16.4, 16.5, 17.1, 17.2, 17.3, 18.1, 22.1, 23.1, 25.1, 28.1, 29.1, 29.2, 29.3, 29.4, 30.1, 31.1, 33.1, 33.2, 33.3, 33.4, 36.1, 36.2, 36.3, 36.4, 37.1, 37.2, 37.3, 37.4, 37.5, 37.6, 37.7, 37.8, 39.1, 39.2, 39.3, 40.1, 40.2, 40.3, 40.4, 40.5, 40.6, 41.1, 41.2, 52.2, 53.1, 53.2, 53.3, 53.4, 54.1, 54.2, 54.3, 55.1, 55.2, 56.1, 56.2, 57.1, 57.2, 57.3, 57.4, 58.1, 60.1, 60.2, 63.1, 64.1, 64.2, 64.3, 65.1, 65.2, 65.3, 66.1, 67.1, 68.1, 69.1, 69.2, 70.1, 70.2, 74.1, 74.2, 74.6, 74.7, 74.8, 74.9, 74.10, 74.11, 75.1, 75.2, 77.1, 77.2, 77.3, 77.4, 77.5, 78.1, 78.2, 78.3, 78.4, 79.1, 79.2, 79.3, 79.4, 79.5, 80.7, 80.8, 80.9, 81.1, 83.1, 83.2, 83.3, 83.4, 83.5, 83.6, 83.7, 83.8, 83.9, 83.10, 84.1, 84.2, 84.3, 84.4, 84.5, 84.6, 84.7, 84.8, 85.1, 85.2, 85.3, 85.4, 85.5, 85.6, 85.7, 86.1, 86.2, 86.3, 86.4, 87.1, 87.2, 88.1, 88.2, 88.3, 88.4, 88.5, 88.6, 89.1, 89.2, 89.3, 90.1, 90.7, 90.8, 90.9, 90.10, 90.11, 90.12, 91.1, 91.2, 91.3, 91.4, 91.5, 92.3, 92.4, 92.5, 92.6, 92.7, 93.1, 93.2, 93.3, 93.4, 94.1, 96.2, 96.3, 96.4, 96.5, 96.6, 97.1, 97.2, 97.3, 99.1, 99.2, 100.6, 100.7, 100.8, 100.9, 100.14, 100.15, 100.16, 100.17, 100.18, 100.19, 102.4, 102.5, 102.6, 102.7, 104.1, 104.2, 104.3, 105.1, 105.2, 106.1, 106.2, 108.1, 108.2, 108.3, 109.1, 109.2, 109.3, 109.4, 111.1, 112.1, 115.1, 115.2, 116.1, 116.2, 120.1, 120.4, 121.1, 121.12. |fotolia.com, New York: cirquedesprit 100.11; Waler 44.5. |Helga Lade Fotoagenturen GmbH, Frankfurt/M.: Euroluftbild 102.1. |Interfoto, München: mova/Schauhuber, Alfred 80.4, 80.5, 80.6. |iStockphoto.com, Calgary: GlobalP 92.1; goodmoments 2.1; hanibaram 100.13; Mizina 110.2; Nerthuz 100.12. |LIO Design GmbH, Braunschweig: Titel. |Microsoft Deutschland GmbH, München: 9.1, 9.2, 9.3, 9.4, 9.5, 9.6, 9.7, 9.8, 9.9. |Minkus Images Fotodesignagentur, Isernhagen: 100.4. |Shutterstock.com, New York: Aliaksei, Hintau 92.2; antoniomas 100.5; Prudek, Daniel 80.1, 80.2, 80.3. |stock.adobe.com, Dublin: creativenature.nl 78.5; Fernando 102.2; Jim Cumming 78.7; Kucherova, Anna Titel; Meertins, Sander 78.6; Petair 52.1; SENTELLO Titel; visionart 34.1; Wolfilser 20.1; www.a-horn.de 100.2; ©135pixels Titel. |Wojczak, Michael, Braunschweig: 3.1, 3.2, 3.9, 3.10, 3.11, 4.1, 4.3, 5.1, 5.2, 5.3, 5.4, 5.5, 5.6, 5.7, 5.8, 5.9, 5.10, 5.11, 5.12, 5.13, 5.14, 5.15, 5.16, 5.17, 5.18, 5.19, 5.20, 5.21, 5.22, 5.23, 5.24, 5.25, 5.26, 5.27, 5.28, 5.29, 5.30, 5.31, 5.32, 5.33, 5.34, 5.35, 5.36, 5.37, 5.38, 5.39, 5.40, 5.41, 5.42, 5.43, 6.1, 6.2, 7.1, 7.2, 7.3, 7.4, 7.5, 7.6, 7.7, 7.8, 7.9, 7.10, 7.11, 7.12, 7.13, 7.14, 7.15, 7.16, 7.17, 7.18, 7.19, 7.20, 7.21, 7.22, 7.23, 7.24, 7.25, 7.26, 7.27, 7.28, 7.29, 7.30, 7.31, 7.32, 7.33, 7.34, 7.35, 7.36, 7.37, 7.38, 7.39, 7.40, 7.41, 7.42, 7.43, 7.44, 7.45, 7.46, 7.47, 7.48, 7.49, 7.50, 7.51, 7.52, 10.1, 10.2, 10.3, 10.4, 10.5, 10.6, 10.7, 10.8, 10.9, 10.10, 10.11, 10.12, 10.13, 14.1, 14.2, 14.3, 18.2, 19.1, 19.2, 26.1, 26.2, 26.3, 26.4, 26.5, 26.6, 27.1, 27.2, 36.5, 36.6, 37.9, 38.1, 38.2, 39.4, 43.1, 44.1, 45.1, 45.2, 45.3, 46.1, 46.2, 46.3, 46.4, 46.5, 46.6, 46.7, 46.8, 46.9, 46.10, 46.11, 46.12, 47.1, 47.2, 47.3, 47.4, 47.5, 47.6, 47.7, 47.8, 47.9, 47.10, 47.11, 50.1, 50.2, 50.3, 62.1, 62.2, 62.3, 95.1, 95.2, 95.3, 96.1, 98.1, 98.2, 100.1, 101.1, 101.2, 101.3, 101.4, 107.1, 107.2, 107.3, 107.4, 107.5, 111.2, 111.3, 111.4, 111.5, 111.6, 111.7, 111.8, 111.9, 111.10, 112.2, 112.3, 112.4, 112.5, 112.6, 113.1, 113.2, 113.3, 118.1, 118.2, 118.3, 118.4, 118.5, 119.1, 119.2, 119.3, 119.4, 119.5, 119.6, 119.7, 119.8, 119.9, 119.10, 120.2, 120.3, 121.2, 121.3, 121.4, 121.5, 121.6, 121.7, 121.8, 121.9, 121.10, 121.11, 123.1, 123.2, 123.3, 123.4.

Brüche SB S. 209–211 TRAINER 123

8. Schreibe zu jedem Bild die gemischte Zahl und den unechten Bruch.

a)   b) 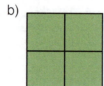   c)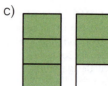

$1\frac{1}{6}$ = _____

9. Wie heißen die Brüche? Trage ein.

10. Zu jeder Fahne gehört ein Bruch. Färbe in der Farbe der Fahne.

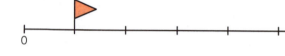 $\frac{3}{4}$

    $\frac{1}{2}$

 $\frac{1}{10}$

    $\frac{1}{5}$

11. Berechne und vervollständige die Zeichnung.

a)   b)   c)   d)

$\frac{3}{8} + \frac{2}{8}$ = ____ $\frac{2}{8} + \frac{5}{8}$ = ____ $\frac{3}{8} + \frac{4}{8}$ = ____ $\frac{6}{8} + \frac{1}{8}$ = ____

12. a) $\frac{1}{8} + \frac{6}{8}$ = ____   b) $\frac{2}{5} + \frac{1}{5}$ = ____   c) $\frac{7}{10} - \frac{3}{10}$ = ____   d) $\frac{10}{12} - \frac{6}{12}$ = ____

$\frac{3}{7} + \frac{2}{7}$ = ____ $\frac{3}{9} + \frac{2}{9}$ = ____ $\frac{6}{9} - \frac{5}{9}$ = ____ $\frac{5}{8} - \frac{3}{8}$ = ____

$\frac{4}{6} + \frac{1}{6}$ = ____ $\frac{2}{7} + \frac{2}{7}$ = ____ $\frac{4}{5} - \frac{2}{5}$ = ____ $\frac{7}{9} - \frac{2}{9}$ = ____

westermann

Arbeitsbuch Inklusion
Lösungen

ISBN 978-3-14-**128772**-1

1 | Zahlen und Daten

Die Schulleitung möchte herausfinden, ob die Schülerinnen und Schüler mit dem Schulhof zufrieden sind.
Beschreibe das Ergebnis der Klasse 6a.

Wie viele Schülerinnen und Schüler haben in der Klasse 6a abgestimmt?

In diesem Kapitel lernst du, …

… wie du Anzahlen in Strichlisten, Tabellen, Diagrammen und anderen Schaubildern darstellst.

… wie du Zahlen am Zahlenstrahl darstellst und abliest.

… wie du Zahlen in eine Stellenwerttafel einträgst.

… wie du Zahlen vergleichst, ordnest und rundest.

… wie du große Anzahlen schätzen kannst.

Diagramme

So kannst du Daten in Diagrammen darstellen:

① Beschrifte die Hochachse.
② Beschrifte die Rechtsachse.
③ Zeichne die Säulen und Balken jeweils gleich breit (1 Kästchen oder 1 cm).
④ Trage die Daten ein.

Säulendiagramm

Balkendiagramm

1. Aus der Klasse 5b gehen 6 Kinder in den Sportverein.

Anton	Kea	Adele	Matteo	Moritz	Liam
12 Jahre	11 Jahre	10 Jahre	12 Jahre	12 Jahre	10 Jahre
Fußball	Handball	Schwimmen	Fußball	Schwimmen	Fußball

a) Erstelle ein Balkendiagramm für die Verteilung auf die Sportarten.

b) Erstelle ein Balkendiagramm für das Alter.

2. Die Strichliste zeigt, wie viele Kinder jeweils in der Sportabteilung sind.

a) Entnimm die Daten der Strichliste und übertrage sie in die Tabelle.

b) Zeichne ein Balkendiagramm.

Fußball	‖‖‖‖ ‖‖‖‖ ‖‖‖‖ ‖‖‖‖ ‖‖‖‖
Handball	‖‖‖‖ ‖‖‖‖ ‖‖‖‖ |||
Schwimmen	‖‖‖‖ ‖‖‖‖ ||||

Fußball	24
Handball	18
Schwimmen	14

Zahlen und Daten

Ein Bilddiagramm ist eine besonders anschauliche Art der Darstellung. So erstellst du ein Bilddiagramm:
① Wähle passende Symbole aus.
② Lege fest, für welche Anzahl jedes Symbol steht.
③ Zeichne die passende Anzahl von Symbolen.

Beliebte Autofarben

Legende: 🚗 = 50 Autos

5. In der Tabelle sind die Besucherzahlen im Freibad dargestellt.
a) Für wie viele Besucher steht ein Symbol? Trage ein.
b) Ergänze die fehlenden Besucherzahlen.
c) Vervollständige das Balkendiagramm.

👤 steht für __100__ Besucher.

Montag	👤👤	200
Dienstag	👤👤👤	300
Mittwoch	👤👤👤👤👤👤	600
Donnerstag	👤👤👤👤	400
Freitag	👤👤👤👤👤👤	600
Samstag	👤👤👤👤👤👤👤	700
Sonntag	👤👤👤👤👤	500

6. In der Tabelle stehen Besucherzahlen im Klettergarten. Ergänze die fehlenden Symbole.

✂ = 100 Besucher

Mai	✂✂✂✂✂✂✂✂	800
Juni	✂✂✂✂✂✂✂✂✂	900
Juli	✂✂✂✂✂✂✂✂✂✂✂	1 100
August	✂✂✂✂✂✂✂✂✂✂	1 000
September	✂✂✂✂✂✂✂	700
Oktober	✂✂✂✂✂	500

Zahlen und Daten

3. Bei einer Umfrage haben Kinder ihr Lieblingshaustier auf einen Zettel geschrieben.

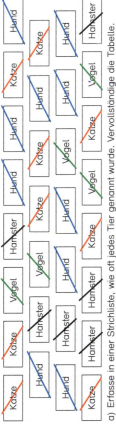

a) Erfasse in einer Strichliste, wie oft jedes Tier genannt wurde. Vervollständige die Tabelle.
b) Stelle das Ergebnis der Umfrage in einem Säulendiagramm dar.

Lieblingstier	Anzahl der Stimmen	
Hund	✗✗	10
Vogel	✗	5
Katze	✗ |||	9
Hamster	✗	6

4. Nach einem Besuch im Zoo wurden Jugendliche nach ihrem liebsten Zootier gefragt. Das Ergebnis der Befragung ist im Balkendiagramm dargestellt.

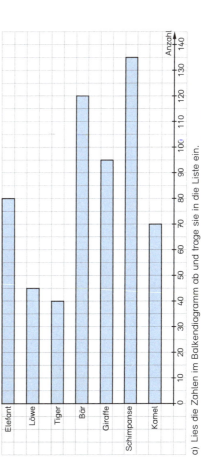

a) Lies die Zahlen im Balkendiagramm ab und trage sie in die Liste ein.
b) Ordne die Tiere nach der Anzahl der Stimmen. Beginne mit dem beliebtesten Tier.

Tier	Elefant	Löwe	Tiger	Bär	Giraffe	Schimpanse	Kamel
Anzahl der Stimmen	80	45	40	120	95	35	70

b) Ordne die Tiere nach der Anzahl der Stimmen. Beginne mit dem beliebtesten Tier.

Schimpanse, Bär, Giraffe, Elefant, Kamel, Löwe, Tiger

Zahlen und Daten

7. So alt können Tiere werden. Erstelle zu den Daten ein Säulendiagramm.

Tier	Alter
Gorilla	50 Jahre
Wal	110 Jahre
Schaf	15 Jahre
Elefant	70 Jahre
Hund	20 Jahre
Aal	50 Jahre
Bär	45 Jahre

8. Das schnellste Landtier ist der Gepard. Bei der Jagd erreicht er eine Geschwindigkeit von 120 km/h. In der Tabelle stehen Höchstgeschwindigkeiten anderer Tiere.

Tier	Antilope	Elefant	Gepard	Igel	Löwe	Nashorn	Pferd
Geschwindigkeit	90 km/h	40 km/h	120 km/h	7 km/h	50 km/h	40 km/h	70 km/h

9. In der Tabelle steht für einige Tierarten das Höchstgewicht, das weibliche und männliche Tiere erreichen können. Stelle die Daten der Tabelle in einem Balkendiagramm dar.

	Gorilla	Zebra	Löwe	Tiger	Strauß
weiblich	100 kg	320 kg	160 kg	180 kg	100 kg
männlich	260 kg	320 kg	220 kg	320 kg	140 kg

10. Familie Müller plant eine Fahrradtour mit 4 Tagesstrecken.

Montag	Dienstag	Mittwoch	Donnerstag
40 km	24 km	50 km	38 km

Erstelle ein Balkendiagramm zur Länge der Tagesstrecken.

11. Im Bilddiagramm ist dargestellt, wie die Zuschauerinnen und Zuschauer eines Handballspiels zur Sporthalle kommen.

Jedes Symbol steht für 10 Personen.

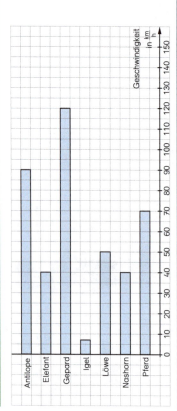

a) Trage die Zahlen in die Tabelle ein.

Mit dem Fahrrad	Zu Fuß	Mit dem Bus	Mit dem Auto
120	180	130	90

b) Stelle die Zahlen im Säulendiagramm dar.

PROJEKT 8 — Tabellen und Diagramme mit Tabellenkalkulation

So ist das Rechenblatt bei einem Computer eingestellt:

Die **Spalten** sind mit Buchstaben beschriftet.

	A	B	C	D	E	F
1						
2		5	+			14
3						
4	33				⊠	✈
5				☺		
6	@			7		0
7			19		8	

Die **Zeilen** sind mit Zahlen beschriftet.

TIPP: Wo sich eine **Spalte** und eine **Zeile** kreuzen, entsteht eine Zelle.
Hier kreuzt die Spalte **C** die Zeile **3**. Die Zelle hat deshalb den Namen **C3**.

1. Suche in der Tabelle das Herz. Notiere die Spalte, Zeile und die Zelle.

Spalte: __B__   Zeile: __3__   Zelle: __B3__

2. Notiere den Namen der Zelle, in der sich das Zeichen oder die Zahl befindet.

a) ☺ __D5__   b) @ __A6__   c) ✈ __F4__   d) 33 __A4__
e) ⊠ __E2__   f) + __C1__   g) 14 __F1__   h) 19 __C5__

3. Trage die Zahl in die angegebene Zelle ein.

a) 5 in Zelle B2   b) 7 in Zelle D6   c) 8 in Zelle E7   d) 0 in Zelle F5

4.

	A	B	C	D	E	F	G
1	Ergebnisse beim Dart						
2							
3		Ayla	Lea	Marc	Kim	Annika	Tom
4	1. Runde	49	67	56	42	58	71
5	2. Runde	54	45	68	58	47	40
6	3. Runde	69	63	72	49	61	55
7							
8	Endstand	172	175	196	149	166	166

ANLEITUNG

Die Inhalte der Zellen B4, B5 und B6 sollen addiert werden, das Ergebnis soll in Zelle B8 stehen.
- 1. Schritt: Das Gleichheitszeichen eingeben. =-Taste
- 2. Schritt: Die Rechnung eingeben. B4 + B5 + B6
- 3. Schritt: Eingabe mit ↵ bestätigen.

a) Erstelle die Tabelle am Computer.
b) Berechne den Endstand beim Dartspiel für jeden Spieler wie im Beispiel.
Trage für jeden Spieler den Endstand in die Tabelle ein.

PROJEKT 9

5. Mehrere Schulen führen ein Sportturnier durch.
Jede Schule meldet, wie viele Schülerinnen und Schüler an den einzelnen Wettbewerben teilnehmen.
Übertrage die Tabelle auf einen Computer.

	A	B	C
1	Umfrage Sportturnier		
2			
3	Sportart	Schüler	
4	Fußball	125	
5	Volleyball	86	
6	Basketball	56	
7	Völkerball	153	

6. So erstellst du auf dem Computer Diagramme zum Ergebnis der Umfrage:

ANLEITUNG

☐ 1. Schritt: Markiere deine Tabelle. Klicke dann auf **Einfügen** und anschließend auf diese Schaltfläche: Empfohlene Diagramme

	A	B
1	Umfrage Sportturnier	
2		
3	Sportart	Schüler
4	Fußball	125
5	Volleyball	86
6	Basketball	56
7	Völkerball	153

☐ 2. Schritt: Wähle einen Diagrammtyp aus. Dann klicke auf OK.
☐ 3. Schritt: Zum Ändern der Überschrift klicke auf ✏ und anschließend auf **Legende**. Dann klicke auf den Text, den du ändern möchtest.

	A	B
1	Umfrage Sportturnier	
2		
3	Sportart	Schüler
4	Fußball	125
5	Volleyball	86
6	Basketball	56
7	Völkerball	153

Ergebnisse der Umfrage (Diagramm: Fußball, Volleyball, Basketball, Völkerball — Schüler)

Mit ✏ und ▽ kannst du die Farbe der Säulen ändern und weitere Änderungen vornehmen.

Natürliche Zahlen am Zahlenstrahl

0, 1, 2, 3, 4, ... heißen **natürliche Zahlen**. Es gibt unendlich viele natürliche Zahlen.
Auf dem Zahlenstrahl stehen die natürlichen Zahlen nach der Größe geordnet.
Nach rechts werden die Zahlen größer.

1. Wie heißen die Zahlen?

a)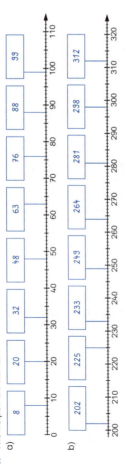

b)

2. Ordne die Zahlen zu.

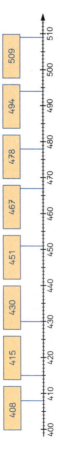

408 415 430 451 467 478 494 509

3. Wie heißen die Zahlen?

a)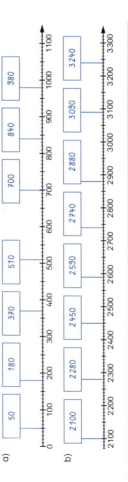

b)

4. Wie heißt die Zahl in der Mitte?

a) 60 b) 85 c) 130 d) 75

e) 165 f) 250 g) 575 h) 725

Stellenwerttafel

Natürliche Zahlen kannst du in eine **Stellenwerttafel** eintragen.
So lassen sich Zahlen übersichtlich darstellen.

1 Tausender (T) = 10 Hunderter (H)
1 Hunderter (H) = 10 Zehner (Z)
1 Zehner (Z) = 10 Einer (E)

Summenschreibweise:
4 208 = 4 T + 2 H + 8 E

Zahlwort: viertausendzweihundertacht

T	H	Z	E
4	2	0	8

1. Ergänze wie im Beispiel.

H	Z	E		Zahl
4	1	7		417
2	0	3		203
6	3	5		635
5	2	6		526
3	5	0		350
8	7	8		878
7	4	9		749
9	5	3		953

2. Trage in die Stellenwerttafel ein. Wie heißt die Zahl?

a) 9T + 5H + 3E
b) 4T + 3H + 8Z + 4E
c) 6H + 2Z + 7E
d) 6T + 4H + 3Z + 8E
e) 3T + 3Z + 4E
f) 2T + 5H + 6Z
g) 9T
h) 5H + 5E
i) 7T + 7E

T	H	Z	E		Zahl
9	5	0	3		9 503
4	3	8	4		4 384
	6	2	7		627
6	4	3	8		6 438
3	0	3	4		3 034
2	5	6	0		2 560
9	0	0	0		9 000
	5	0	5		505
7	0	0	7		7 007

3. Bilde Zahlen mit den Ziffern auf den Karten.

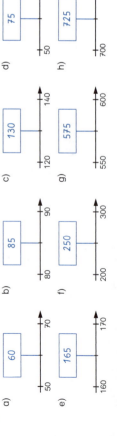

7 641   7 614   7 164   7 146
7 461   7 416   1 476   4 176
1 764   1 647   1 467   4 167

4. Bilde mit den Ziffern auf den Karten die kleinste und die größte Zahl.

kleinste Zahl 2 359   größte Zahl 9 532

Zahlen vergleichen und ordnen

Vergleichen am Zahlenstrahl:
Nach rechts werden die Zahlen größer.

```
0—1—2—3—4—5—6—7—8—9—10—11—12—13—14—15—16
```

4 < 12
4 ist kleiner als 12.

14 > 5
14 ist größer als 5.

1. Kleiner, größer oder gleich? Setze ein: <, > oder =

a) 704 < 7040
8267 > 827
1000 > 111
824 < 2048

b) 94 < 108
563 > 365
334 < 339
740 > 470

c) 405 < 450
450 < 504
405 = 405
550 > 505

2. Ordne die Zahlen nach der Größe. Beginne mit der kleinsten Zahl.
Du erhältst ein Lösungswort.

a)
P	E	P	R	A	I
7200	8270	7802	8702	7280	8207

7200	P
7280	A
7802	P
8207	I
8270	E
8702	R

b)
I	T	T	S	E	F
2319	2193	3192	1923	3219	3129

1923	S
2193	T
2319	I
3129	F
3192	T
3219	E

3. Trage den Vorgänger und den Nachfolger ein.

a)
673	674	675
7391	7392	7393
4098	4099	4100
7999	8000	8001

b)
238	239	240
6454	6455	6456
3213	3214	3215
7528	7529	7530

c)
399	400	401
9599	9600	9601
5209	5210	5211
4326	4327	4328

4. Trage die fehlenden Zahlen in die Tabelle ein.

a)
Vorgänger	Zahl	Nachfolger
4725	4726	4727
5888	5889	5890
3198	3199	3200
5309	5310	5311

b)
Vorgänger	Zahl	Nachfolger
2768	2769	2770
4398	4399	4400
5999	6000	6001
7209	7210	7211

---

5. Zerlege die Zahl in Tausender, Hunderter, Zehner und Einer und trage sie in die Stellenwerttafel ein.

	T	H	Z	E
a) 5 7 9 3 5T + 7H + 9Z + 3E	5	7	9	3
b) 4 8 0 5 4T + 8H + 5E	4	8	0	5
c) 2 6 4 1 2T + 6H + 4Z + 1E	2	6	4	1
d) 5 0 6 8 5T + 6Z + 8E	5	0	6	8
e) 5 8 7 5H + 8Z + 7E		5	8	7
f) 6 8 4 9 6T + 8H + 4Z + 9E	6	8	4	9
g) 3 2 5 1 3T + 2H + 5Z + 1E	3	2	5	1
h) 5 7 9 5 5T + 7H + 9Z + 5E	5	7	9	5
i) 8 0 0 3 8T + 3E	8	0	0	3
j) 7 0 0 7H		7	0	0

6. Immer zwei Karten gehören zusammen. Färbe sie in derselben Farbe.

4269	9H + 5Z	325
3025	6924	9500
4T + 2H + 6Z + 9E	9T + 5H	950

| 3T + 2Z + 5E |
| 6T + 9H + 2Z + 4E |
| 3H + 2Z + 5E |

7. Was gehört zusammen? Ordne zu.

- fünftausendvierhundert — 5400
- dreihundertsiebenundzwanzig — 327
- neuntausenddreihundertachtzehn — 9318
- fünftausendachtunddreißig — 5038
- dreitausendsechshundertzehn — 3610
- neunhunderteinundachtzig — 981

8. Hier wurden Fehler gemacht. Berichtige.

a) 3T + 4H + 6Z + 7E = ~~7643~~ 3467
   8T + 5H + 9Z + 6E = ~~8569~~ 8596
   5T + 3H + 7Z + 9E = ~~5397~~ 5379

b) 5T + 3H + 9E = ~~539~~ 5309
   3T + 4Z + 2E = ~~3420~~ 3042
   7T + 5Z + 1E = ~~187~~ 7051

Zahlen runden

Natürliche Zahlen runden

Runden auf Tausender:	6497 ≈ 6000	8713 ≈ 9000
Runden auf Hunderter:	4829 ≈ 4800	3264 ≈ 3300
Runden auf Zehner:	5763 ≈ 5760	5238 ≈ 5240

Abrunden bei 0, 1, 2, 3, 4 — Aufrunden bei 5, 6, 7, 8, 9

1. Runde auf Tausender.

2000 2100 2200 2300 2400 2500 2600 2700 2800 2900 3000 3100

a) 2200 ≈ 2000   b) 2090 ≈ 2000   c) 2370 ≈ 2000   d) 7830 ≈ 8000
   2300 ≈ 2000   2330 ≈ 2000   2760 ≈ 3000   1430 ≈ 1000
   2500 ≈ 3000   2650 ≈ 3000   2970 ≈ 3000   9810 ≈ 10000

2. Runde auf Hunderter.

4000 4100 4200 4300 4400 4500 4600 4700 4800 4900 5000 5100

a) 4080 ≈ 4100   b) 4120 ≈ 4100   c) 4490 ≈ 4500   d) 3630 ≈ 3600
   4420 ≈ 4400   4180 ≈ 4200   4980 ≈ 5000   9450 ≈ 9500
   4760 ≈ 4800   4690 ≈ 4700   4010 ≈ 4000   5530 ≈ 5500

3. Runde auf Zehner.

3610 3620 3630 3640 3650 3660 3670 3680 3690 3700 3710 3720

a) 3618 ≈ 3620   b) 3671 ≈ 3670   c) 3699 ≈ 3700   d) 5734 ≈ 5730
   3642 ≈ 3640   3685 ≈ 3630   3612 ≈ 3610   7237 ≈ 7240
   3666 ≈ 3670   3647 ≈ 3650   3654 ≈ 3650   1498 ≈ 1500

4.

a) Runde auf Tausender

4266	4000
948	1000
8499	8000

b) Runde auf Hunderter

2308	2300
4371	4400
769	800

c) Runde auf Zehner

523	520
3259	3260
7702	7700

5. Wo ist das Runden nicht sinnvoll? Kreuze an.

Boxdorf
2318 Einwohner

AB · CD 84.35 ✗

Lea
Telefonnr.:
32168 ✗

Große Zahlen

Zahlwörter für große Zahlen

Milliarden (Mrd)			Millionen (Mio)			Tausender (T)					
HMrd	ZMrd	Mrd	HMio	ZMio	Mio	HT	ZT	T	H	Z	E
		3	8	7	1	0	8	6	4	9	3

- Gliederung in Dreierpäckchen: 3 871 086 493
- mit Abkürzungen: 3 Mrd 871 Mio 86 T 493
- Zahlwort: drei Milliarden achthunderteinundsiebzig Millionen sechsundachtzigtausendvierhundertdreiundneunzig

1. Trage in die Stellenwerttafel ein. Wie heißt die Zahl?

Mio	HT	ZT	T	H	Z	E		Zahl
2	4	2	5	3	0	0		2 425 300
	7	3	0	6	4	8		730 648
4	0	5	3	8	0	6		4 053 806
	9	6	2	0	0	0		962 000
9	0	4	8	0	0	7		9 048 007

a) 2 Mio + 4 HT + 2 ZT + 5 T + 3 H
b) 7 HT + 3 ZT + 6 H + 4 Z + 8 E
c) 4 Mio + 5 ZT + 3 T + 8 H + 6 E
d) 9 HT + 6 ZT + 2 T
e) 9 Mio + 4 ZT + 8 T + 7 E

2. Wie heißt die Zahl?

a) 3 Mio + 6 HT + 5 ZT + 2 T + 4 Z + 8 E = 3 652 048
b) 7 HT + 8 ZT + 1 T + 6 H + 2 Z + 1 E = 781 621
c) 9 Mio + 2 HT + 7 T + 5 H + 8 Z = 9 207 580
d) 1 Mio + 9 ZT + 7 T + 4 H + 8 E = 1 097 408

3. Verbinde die Zahlen nach der Größe.

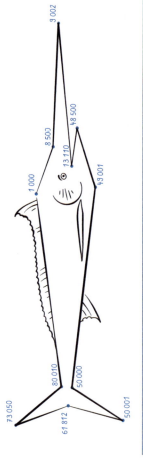

73 050 — 1 000 — 80 010 — 61 812 — 50 000 — 50 001 — 43 001 — 48 500 — 13 110 — 8 500 — 9 002

4. Kleiner, größer oder gleich? Setze ein: <, > oder =

a) 63 498 < 128 715   b) 356 000 < 456 000   c) 1 245 676 > 1 245 667
   40 215 < 440 215   580 398 > 518 260   7 384 221 < 7 438 212
   13 140 < 140 103   805 613 < 806 513   5 002 405 < 5 204 005

Schätzen

Beim Schätzen erhältst du einen **Näherungswert**.

Dazu zählst du zunächst die Anzahl in einem Teilbereich. Dann schätzt du das Gesamte.

Das Bild ist in 12 gleich große Rasterfelder unterteilt.

In dem rot markierten Feld sind 8 Tauben.

$12 \cdot 8 = 96$

Auf dem Bild sind insgesamt etwa 96 Tauben.

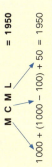

1. Bei welchem Bild kannst du die Anzahl besser bestimmen? Begründe.

Ⓐ   Ⓑ

48 Knöpfe   50 Knöpfe

In Bild __B__ kann ich die Anzahl besser bestimmen, weil __die Knöpfe in Reihen liegen.__

2. Wie viele Gegenstände sind abgebildet?

a)
geschätzt: _____
gezählt: __250__

b)

geschätzt: _____
gezählt: __99__

Römische Zahlen

Bei der römischen Zahlschreibweise gelten folgende Regeln:
- Es gibt 7 römische Zahlzeichen:
  I = 1   V = 5   X = 10   L = 50   C = 100   D = 500   M = 1000
- Die Werte der Zahlzeichen werden addiert.
- Ein Zahlzeichen darf höchstens dreimal hintereinander geschrieben werden.
- Steht I, X oder C links vor einem der beiden nächstgrößeren Zeichen, wird subtrahiert.

M C L X X X I = 1181
1000 + 100 + 50 + 10 + 10 + 10 + 1 = 1181

M C M L = 1950
1000 + (1000 − 100) + 50 = 1950

1. Setze die Zahlenreihe mit römischen Zahlzeichen fort.

I	II	III	IV	V	VI	VII	VIII	IX	X
XI	XII	XIII	XIV	XV	XVI	XVII	XVIII	XIX	XX

2. Welche Zahl ist es?

 1520    1410    1625

3. Schreibe mit römischen Zahlzeichen fort.

a) 4 = __IV__   15 = __XV__   14 = __XIV__   22 = __XXII__   30 = __XXX__
b) 9 = __IX__   19 = __XIX__   29 = __XXIX__   40 = __XL__   49 = __IL__

4. Ordne zu.

a)
LX — 60
XC — 90
IC — 99
CX — 110

b)
DXL — 540
CMV — 905
CDL — 450
XLIX — 49

5. Notiere mit römischen Zahlzeichen.

a) das Zehnfache von II   __XX__   b) das Zehnfache von V   __L__
c) das Zehnfache von CC   __MM__   d) das Zehnfache von IX   __XC__
e) das Doppelte von VIII   __XVI__   f) das Fünffache von VI   __XXX__

TRAINER 18

Zahlen und Daten — S. 34–35

1. In der Bergschule findet ein Sportfest statt. Das Säulendiagramm zeigt für Mädchen und Jungen der Klasse 5a die Verteilung der Urkunden.

a) Lies die Zahlen im Säulendiagramm ab. Trage sie in die Tabelle ein.
b) Vervollständige die Tabelle.

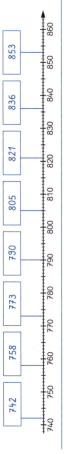

Klasse 5a	Mädchen	Jungen	insgesamt
keine Urkunde	3	4	7
Sieger-urkunde	5	7	12
Ehren-urkunde	2	1	3

c) Wie viele Mädchen und wie viele Jungen der Klasse 5a erhalten eine Urkunde?
A: _7 Mädchen und 8 Jungen der Klasse 5a erhalten eine Urkunde._

2. a) Erstelle ein Säulendiagramm zur Tabelle für die Klasse 5b.
b) Vervollständige die Tabelle.

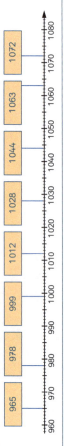

Klasse 5b	Mädchen	Jungen	insgesamt
keine Urkunde	4	6	10
Sieger-urkunde	5	3	8
Ehren-urkunde	3	4	7

c) Wie viele Mädchen und wie viele Jungen der Klasse 5b erhalten eine Urkunde?
A: _8 Mädchen und 7 Jungen der Klasse 5b erhalten eine Urkunde._

3. Bei einer Umfrage wurden Schülerinnen und Schüler der 5. Klassen nach ihrem liebsten Pausensnack gefragt. Erstelle zu den Zahlen in der Tabelle ein Balkendiagramm.

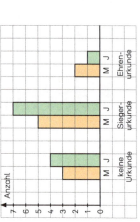

	Schokoriegel	belegtes Brot	Obst
	8	14	15

TRAINER 19

Zahlen und Daten — S. 34–35

4. Wie heißen die Zahlen?

742 | 758 | 773 | 790 | 805 | 821 | 836 | 853

5. Ordne die Zahlen zu.

965 | 978 | 999 | 1012 | 1028 | 1044 | 1063 | 1072

6. Ergänze die fehlenden Angaben.

	T	H	Z	E	Zahl
4T + 3H + 7Z + 8E	4	3	7	8	4 378
5T + 9Z + 3E	5	0	9	3	5 093
6T + 4H + 7Z + 3E	6	4	7	3	6 473
8T + 9Z + 7E	8	0	9	7	8 097
7T + 5H + 6E	7	5	0	6	7 506
2T + 5H + 5Z + 3E	2	5	5	3	2 553

7. Ordne die Zahlen. Beginne mit der kleinsten Zahl. Du erhältst ein Lösungswort.

a) 389 U | 4398 A | 499 M | 286 P

286 < 389 < 499 < 4 398
PUMA

b) 8550 W | 8555 E | 8055 L | 8505 Ö

8 055 < 8 505 < 8 550 < 8 555
LÖWE

c) 5088 L | 805 O | 5805 W | 508 F

508 < 805 < 5 088 < 5 805
WOLF

8. Runde auf Hunderter.

a) 754 ≈ 800   b) 985 ≈ 1 000   c) 7354 ≈ 7 400   d) 2222 ≈ 2 200
   838 ≈ 800   407 ≈ 400   2983 ≈ 3 000   60 ≈ 100

9. Runde auf Tausender.

a) 3719 ≈ 4 000   b) 3056 ≈ 3 000   c) 3333 ≈ 3 000   d) 875 ≈ 1 000
   9210 ≈ 9 000   6713 ≈ 7 000   8888 ≈ 9 000   2199 ≈ 2 000

10. Kleiner, größer oder gleich? Setze ein: <, > oder =

a) 51 497 > 15 974   b) 543 219 > 453 921   c) 4 222 229 < 4 222 292
   30 318 < 81 002   810 670 > 709 106   3 289 875 > 3 189 999

2 | Addieren und Subtrahieren

Bei Bauer Gröter holt das Milchauto 840 Liter Milch ab. Auf den beiden Nachbarhöfen sind es 700 Liter und 1050 Liter. Die gesamte Milch wird an eine Molkerei geliefert.

In diesem Kapitel lernst du, …
… wie du geschickt im Kopf addierst und subtrahierst.
… wie du beim Addieren und Subtrahieren Rechenvorteile nutzt.
… wie du mit Klammern rechnest.
… wie du mehrere Zahlen schriftlich addierst und subtrahierst.
… wie du beim Rechnen einen Überschlag nutzt.

Im Kopf addieren und subtrahieren

Die Addition (Plusrechnen)

Summand	+	Summand	=	Summe
245	+	130	=	375

Die Summe von 245 und 130 ist 375.

Die Subtraktion (Minusrechnen)

Minuend	−	Subtrahend	=	Differenz
375	−	245	=	130

Die Differenz von 375 und 245 ist 130.

1.
a) 23 + 5 = 28
34 + 3 = 37
62 + 6 = 68
75 + 4 = 79

b) 30 + 40 = 70
60 + 20 = 80
10 + 70 = 80
40 + 60 = 100

c) 35 − 3 = 32
56 − 4 = 52
87 − 2 = 85
99 − 7 = 92

d) 50 − 40 = 10
70 − 30 = 40
60 − 20 = 40
40 − 10 = 30

2. Die Summe der Zahlen in zwei nebeneinander liegenden Steinen steht im Stein darüber.

a)
80		
50	30	
30	20	10

b)
60		
35	25	
15	20	5

c)
84		
34	50	
4	30	20

d)
77		
27	50	
7	20	30

3.
a) 64 + 10 = 74
22 + 30 = 52
53 + 20 = 73

b) 20 + 35 = 55
42 + 46 = 88
61 + 27 = 88

c) 120 + 70 = 190
280 + 10 = 290
460 + 30 = 490

d) 141 + 30 = 171
412 + 60 = 472
328 + 40 = 368

4.
a) 49 − 20 = 29
54 − 30 = 24
78 − 40 = 38

b) 88 − 28 = 60
72 − 51 = 21
46 − 15 = 31

c) 200 − 80 = 120
500 − 70 = 430
600 − 50 = 550

d) 162 − 50 = 112
253 − 20 = 233
345 − 40 = 305

5. Notiere die Aufgabe mit Ergebnis.

a) Addiere die Zahlen 300 und 200.
300 + 200 = 500

b) Subtrahiere die Zahl 100 von 800.
800 − 100 = 700

c) Addiere zu 400 die Zahl 500.
400 + 500 = 900

d) Subtrahiere von 650 die Zahl 50.
650 − 50 = 600

e) Bilde die Summe von 780 und 200.
780 + 200 = 980

f) Bilde die Differenz von 900 und 700.
900 − 700 = 200

6.
a) 28 + 5 = 33
47 + 4 = 51
59 + 6 = 65

b) 36 + 6 = 42
13 + 9 = 22
64 + 7 = 71

c) 43 − 5 = 38
82 − 4 = 78
31 − 5 = 26

d) 25 − 9 = 16
95 − 7 = 88
44 − 8 = 36

Addieren und Subtrahieren

So rechnest du geschickt im Kopf:

Schrittweise rechnen

65 + 18 = 83	73 − 17 = 56
65 + 10 = 75	73 − 10 = 63
75 + 8 = 83	63 − 7 = 56

Hilfsaufgabe nutzen

49 + 39 = 88	84 − 29 = 55
49 + 40 = 89	84 − 30 = 54
89 − 1 = 88	54 + 1 = 55

7. a) 37 + 14 = 51   b) 38 + 25 = 63   c) 56 + 37 = 93   d) 59 + 34 = 93
37 + 10 = 47   38 + 20 = 58   56 + 30 = 86   59 + 30 = 89
47 + 4 = 51   58 + 5 = 63   86 + 7 = 93   89 + 4 = 93

8. a) 72 − 37 = 35   b) 94 − 56 = 38   c) 43 − 25 = 18   d) 63 − 46 = 17
72 − 30 = 42   94 − 50 = 44   43 − 20 = 23   63 − 40 = 23
42 − 7 = 35   44 − 6 = 38   23 − 5 = 18   23 − 6 = 17

9. Nutze die Hilfsaufgabe.

a) 63 + 19 = 82   b) 28 + 58 = 86   c) 44 − 29 = 15   d) 85 − 38 = 47
63 + 20 = 83   28 + 60 = 88   44 − 30 = 14   85 − 40 = 45
83 − 1 = 82   88 − 2 = 86   14 + 1 = 15   45 + 2 = 47

10. a)

+	4	30	19
48	52	78	67
26	30	56	45

b)

−	5	20	18
21	16	1	3
47	42	27	29

c)

+	13	29	36
16	29	45	52
33	46	62	63

11. a)

```
        81
     36     45
  11    25     20
```

b)

```
        49
     24     25
  16     8     17
```

c)

```
        50
     26     24
  12    14     10
```

d)

```
        88
     34     54
  12    22     32
```

12. a) Wie viel Euro kosten das T-Shirt und der Pulli zusammen?
R: 32 + 19 = 51
A: Das T-Shirt und der Pulli kosten zusammen 51 €.

b) Frau Arp kauft die Schuhe und die Strümpfe.
Sie bezahlt mit einem 50-€-Schein.
Wie viel Euro bekommt sie zurück?
R: 38 + 6 = 44   50 − 44 = 6
A: Frau Arp bekommt 6 € zurück.

Addieren und Subtrahieren

13. Hier wird auf verschiedenen Wegen gerechnet. Vervollständige die Rechnungen.

Julia hat mit ihren Losen 530 Punkte gesammelt. Sie möchte den Teddy.

Jan hat zwei Gewinnlose gezogen.

Jan rechnet:
340 + 190 = 530
340 + 100 = 440
440 + 90 = 530

Tom rechnet:
340 + 190 = 530
340 + 90 = 430
430 + 100 = 530

Julia rechnet:
340 + 190 = 530
340 + 200 = 540
540 − 10 = 530

Jan rechnet:
530 − 180 = 350
530 − 100 = 430
430 − 80 = 350

Tom rechnet:
530 − 180 = 350
530 − 80 = 450
450 − 100 = 350

Julia rechnet:
530 − 180 = 350
530 − 200 = 330
330 + 20 = 350

14. Führe alle Rechenwege fort. Welcher Weg gefällt dir am besten?

a) 260 + 270 = 530   b) 260 + 270 = 530
260 + 200 = 460   260 + 70 = 330
460 + 70 = 530   330 + 200 = 530

15. a) 420 − 170 = 250   b) 420 − 170 = 250
420 − 100 = 320   420 − 70 = 350
320 − 70 = 250   350 − 100 = 250

16. Wähle deinen Rechenweg. Dein Lösungsweg könnte anders aussehen.

a) 570 + 250 = 820   b) 380 + 340 = 720   c) 630 + 190 = 820
570 + 200 = 770   380 + 40 = 420   630 + 200 = 830
770 + 50 = 820   420 + 300 = 720   830 − 10 = 820

17. a) 640 − 290 = 350   b) 450 − 260 = 190   c) 630 − 190 = 440
640 − 300 = 340   450 − 200 = 250   630 − 200 = 430
340 + 10 = 350   250 − 60 = 190   430 + 10 = 440

18. a) 240 + 580 = 820   b) 510 − 350 = 160   c) 490 + 490 = 980
240 + 500 = 740   510 − 300 = 210   490 + 500 = 990
740 + 80 = 820   210 − 50 = 160   990 − 10 = 980

Rechenregeln

Die Klammerregel

Der Rechenausdruck in der Klammer wird zuerst ausgerechnet.
Sonst wird schrittweise von links nach rechts gerechnet.

64 − (20 − 6) =
64 −   14   = 50

64 − 20 − 6 =
  44   − 6 = 38

1. Rechne aus und vergleiche die Ergebnisse.

a) 24 − (4 + 5) =
24 − 9 = 15

24 − 4 + 5 =
 20 + 5 = 25

b) 37 − (6 + 22) =
37 − 16 = 21

37 − 6 + 22 =
 31 + 22 = 53

c) 46 − (21 + 8) =
46 − 29 = 17

46 − 21 + 8 =
 25 + 8 = 33

2.
a) 35 + (9 − 4) =
35 + 5 = 40

35 + 9 − 4 =
 44 − 4 = 40

b) 68 + (12 − 8) =
68 + 4 = 72

68 + 12 − 8 =
 80 − 8 = 72

c) 53 + (16 − 5) =
53 + 11 = 64

53 + 16 − 5 =
 69 − 5 = 64

3.
a) 11 + (6 − 2) + 5 =
11 + 4 + 5 = 20

11 + 6 − (2 + 5) =
11 + 6 − 7 = 10

b) 58 − (28 + 2) + 3 =
58 − 30 + 3 = 31

58 − 28 + (2 + 3) =
58 − 28 + 5 = 35

c) (44 + 12) − 6 − 6 =
 56 − 6 − 6 = 44

44 + (12 − 6) − 6 =
44 + 6 − 6 = 44

4. Wer hat Fehler gemacht? Kreuze an und berichtige.

a) Bea ☒ ☺
20 − (2 + 3) = 15

b) Finn ☒ ☺
17 + 29 + 13 = 59

c) Lara ☺ ☒
25 − (10 − 5) = 10
25 − 5 = 20

d) Elif ☒ ☺
39 − (20 + 4) = 15

e) Timo ☺ ☒
28 − (19 − 5) = 52
28 + 14 = 42

f) Sina ☺ ☒
64 − (17 − 4) = 43
64 − 13 = 51

5. Setze die Klammern so, dass das Ergebnis richtig ist.

a) (80 − 40) + 30 = 70

b) 34 − (16 + 10) = 8

c) 20 + 15 − (8 + 12) = 15

6. Setze die Klammern so, dass das Ergebnis möglichst groß ist.

a) 37 − (17 − 7) = 27

b) 48 − (18 − 5) = 35

c) 60 − (20 − 10) + 30 = 80

d) (59 − 20) + 5 = 44

e) 66 − (16 − 6) = 56

f) 75 − (35 − 20 − 10) = 70

Das Kommutativgesetz (Vertauschungsgesetz)

Beim Addieren darfst du die Summanden vertauschen.

47 + 16 + 3 =
47 + 3 + 16 =
50 + 16 = 66

Das Assoziativgesetz (Verbindungsgesetz)

Beim Addieren darfst du die Klammern beliebig setzen oder auch weglassen.

51 + 18 + 12 =
51 + (18 + 12) =
51 + 30 = 81

7. Tim kauft das T-Shirt, die Kappe und die Strümpfe. Wie viel Euro muss Tim bezahlen? Rechne geschickt.

16 + 12 + 4 = 32
16 + 4 + 12 = 32

A: Tim muss 32 € bezahlen.

8. Vertausche die Summanden und rechne geschickt.

a) 17 + 24 + 3 =
17 + 3 + 24 = 44

b) 36 + 29 + 4 =
36 + 4 + 29 = 69

c) 59 + 15 + 11 =
59 + 11 + 15 = 85

d) 180 + 37 + 20 =
180 + 20 + 37 = 237

e) 110 + 55 + 90 =
110 + 90 + 55 = 255

f) 250 + 78 + 50 =
250 + 50 + 78 = 378

9. Setze Klammern und rechne geschickt.

a) 14 + 92 + 8 =
14 + (92 + 8) = 114

b) 45 + 15 + 27 =
(45 + 15) + 27 = 87

c) 58 + 7 + 33 =
58 + (7 + 33) = 98

d) 27 + 13 + 5 =
(27 + 13) + 5 = 45

e) 28 + 14 + 16 =
28 + (14 + 16) = 58

f) 29 + 11 + 30 =
(29 + 11) + 30 = 70

10. Wähle deinen Rechenweg. Dein Lösungsweg könnte anders aussehen.

a) 5 + 69 + 25 =
5 + 25 + 69 = 99

b) 72 + 60 + 40 =
72 + (60 + 40) = 172

c) 38 + 43 + 2 =
38 + 2 + 43 = 83

d) 89 + 11 + 9 =
(89 + 11) + 9 = 109

e) 15 + 85 + 12 =
(15 + 85) + 12 = 112

f) 44 + 16 + 20 =
(44 + 16) + 20 = 80

Überschlagen und schriftliches Addieren

Überschlagsrechnung

Das Ergebnis kannst du vor der Rechnung schon ungefähr abschätzen. Runde dafür alle Zahlen so, dass du im Kopf rechnen kannst.

	1	8	3	+	1	5	2	= ?
Ü:	1	8	0	+	1	5	0	= 3 3 0

1. Runde auf Hunderter.

a) 220 ≈ __200__   b) 209 ≈ __200__   c) 237 ≈ __200__   d) 783 ≈ __800__
   230 ≈ __200__   233 ≈ __200__   276 ≈ __300__   143 ≈ __100__
   250 ≈ __300__   265 ≈ __300__   297 ≈ __300__   983 ≈ __1000__

2. Runde auf Zehner.

a) 408 ≈ __410__   b) 412 ≈ __410__   c) 449 ≈ __450__   d) 363 ≈ __360__
   442 ≈ __440__   418 ≈ __420__   498 ≈ __500__   945 ≈ __950__
   476 ≈ __480__   469 ≈ __470__   401 ≈ __400__   553 ≈ __550__

3. Runde auf Tausender.

a) 7700 ≈ __8000__   b) 3420 ≈ __3000__   c) 5194 ≈ __5000__   d) 22321 ≈ __22000__
   2900 ≈ __3000__   5860 ≈ __6000__   4802 ≈ __5000__   18879 ≈ __19000__
   6100 ≈ __6000__   4497 ≈ __4000__   7518 ≈ __8000__   37185 ≈ __37000__

4. Überschlage. Verbinde mit dem richtigen Ergebnis.

a) 49 + 39 — 88   b) 28 + 55 — 83   c) 67 + 19 — 86
   68, 108   93, 91   76, 82

d) 190 + 130 — 320   e) 470 + 380 — 850   f) 260 + 550 — 810
   220, 260   750, 950   710, 730

Wiederholungsaufgaben

Die Lösungen ergeben die Namen von Tieren.

| C\|112 | S\|15 | E\|16 | O\|20 | H\|30 | R\|35 | S\|45 | F\|50 | N\|70 | I\|115 | T\|210 | I\|340 | N\|480 | T\|590 | E\|720 | C\|810 | N\|830 | S\|855 | H\|900 | F\|970 | L\|1000 | N\|1250 | A\|1500 | E\|1750 | G\|2000 | U\|2500 |

1. Das Säulendiagramm zeigt die Besucherzahlen im Kletterwald. Lies die Zahlen im Säulendiagramm ab und trage sie in die Tabelle ein.

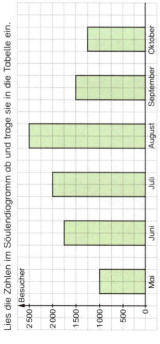

Besucher im Kletterwald:

Mai	Juni	Juli	August	September	Oktober
1000	1750	2000	2500	1500	1250
L	E	G	U	A	N

2. Wie heißen die Zahlen?

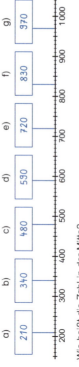

a) 210   b) 340   c) 480   d) 590   e) 720   f) 830   g) 970

| 2. a) | 2. b) | 2. c) | 2. d) | 2. e) | 2. f) | 2. g) |
| T | I | N | T | E | N | F |

3. Wie heißt die Zahl in der Mitte?

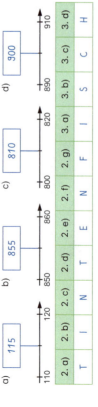

a) 115   b) 855   c) 810   d) 900

| 3. a) | 3. b) | 3. c) | 3. d) |
| I | S | C | H |

4.
a) 2·10 = __20__   b) 5·3 = __15__   c) 5·10 = __50__   d) 9·5 = __45__
   6·2 = __12__   2·8 = __16__   5·7 = __35__   3·4 = __12__
   3·10 = __30__   10·7 = __70__   4·5 = __20__   6·5 = __30__

| 4. a) | 4. b) | 4. c) | 4. d) |
| O C H | S E N | F R O | S C H |

Addieren und Subtrahieren

Schriftliches Addieren

① Schreibe die Zahlen richtig untereinander:
Einer unter Einer, Zehner unter Zehner, …

② Addiere von rechts nach links einzeln:
zuerst die Einer, dann die Zehner, …

③ Entsteht ein Übertrag, schreibe ihn unten
in die nächste linke Stelle.

$183 + 152 = ?$
Ü: $180 + 150 = 330$

```
    1 8 3
  + 1 5 2
      1
    3 3 5
```

5. Überschlage zuerst. Berechne danach das genaue Ergebnis.

a) $298 + 105 = \underline{403}$
Ü: $300 + 100 = \underline{400}$

```
    2 9 8
  + 1 0 5
      1 1
    4 0 3
```

b) $414 + 287 = \underline{701}$
Ü: $\underline{400} + \underline{300} = \underline{700}$

```
    4 1 4
  + 2 8 7
      1 1
    7 0 1
```

c) $319 + 392 = \underline{711}$
Ü: $\underline{300} + \underline{400} = \underline{700}$

```
    3 1 9
  + 3 9 2
      1 1
    7 1 1
```

6. Schreibe untereinander und addiere.

a) 763 + 138
```
    7 6 3
  + 1 3 8
      1 1
    9 0 1
```

b) 609 + 98
```
    6 0 9
  +   9 8
      1 1
    7 0 7
```

c) 95 + 408
```
      9 5
  + 4 0 8
      1
    5 0 3
```

7. Überschlage zuerst. Berechne danach das genaue Ergebnis.

a) $5069 + 2205 = \underline{7274}$
Ü: $\underline{5000} + \underline{2000} = \underline{7000}$

```
    5 0 6 9
  + 2 2 0 5
        1
    7 2 7 4
```

b) $1987 + 3048 = \underline{5035}$
Ü: $\underline{2000} + \underline{3000} = \underline{5000}$

```
    1 9 8 7
  + 3 0 4 8
        1 1
    5 0 3 5
```

c) $7012 + 1929 = \underline{8941}$
Ü: $\underline{7000} + \underline{2000} = \underline{9000}$

```
    7 0 1 2
  + 1 9 2 9
        1
    8 9 4 1
```

8.

a) 2751 + 3893
```
    2 7 5 1
  + 3 8 9 3
        1 1
    6 6 4 4
```

b) 284 + 5239
```
      2 8 4
  + 5 2 3 9
        1 1
    5 5 2 3
```

c) 2075 + 750
```
    2 0 7 5
  +   7 5 0
        1
    2 8 2 5
```

9. Bilde mindestens 4 Additionsaufgaben. Die Summe soll kleiner als 3000 sein.

Zahlen: 2167, 984, 1096, 1755, 1660, 768

Weitere Aufgaben sind möglich.					
9 8 4	2 1 6 7	1 7 5 5	1 6 6 0
+ 7 6 8	+ 7 6 8	+ 1 0 9 6	+ 1 0 9 6
1 1	1 1	1 1	1
1 7 5 2	2 9 3 5	2 8 5 1	2 7 5 6

---

10. Überschlage. Verbinde mit dem richtigen Ergebnis.

a) $2309 + 7654$ b) $4114 + 3636$ c) $5930 + 987$

7073 — 9963 — 8893 — 7750 — 5010 — 9160 — 6037 — 6917 — 6997

11.

a)
```
    1 6 8 2
  + 3 3 5 3
  +   2 3 9
      1 1
    5 2 7 4
```

b)
```
      5 0 4
  + 3 6 5 7
  +   3 2 0
        1
    4 4 8 1
```

c)
```
    6 1 7 2
  +   2 1 4
  + 1 6 2 3
      1 1
    8 0 0 9
```

d)
```
    2 3 6 5
  + 1 8 9 0
  + 3 2 4 1
      1 1
    7 4 9 6
```

12. Wo waren am Wochenende die meisten Besucher?
Überschlage zuerst. Berechne dann die genauen Summen.

Zoo: Fr 2854, Sa 3018, So 3901
Museum: Fr 2027, Sa 1181, So 2432
Schwimmbad: Fr 2647, Sa 3115, So 3793

```
    2 8 5 4
  + 3 0 1 8
  + 3 9 0 1
      1 1
    9 7 7 3
```

```
    2 0 2 7
  + 1 1 8 1
  + 2 4 3 2
        1 1
    5 6 4 0
```

```
    2 6 4 7
  + 3 1 1 5
  + 3 7 9 3
      1 1 1
    9 5 5 5
```

A: _Am Wochenende waren die meisten Besucher im Zoo._

13. Am Freitag wurden 2180 Eintrittskarten für das Pop-Konzert verkauft.
Am Samstag kamen noch 2250 verkaufte Eintrittskarten hinzu.
Wie viele Eintrittskarten wurden an beiden Tagen insgesamt verkauft?

```
    2 1 8 0
  + 2 2 5 0
        1
    4 4 3 0
```

A: _An beiden Tagen wurden insgesamt 4430 Eintrittskarten verkauft._

14. Welche Fragen kannst du beantworten? Kreuze an.

Am Freitag hatten wir 3560 Besucher.
Am Samstag kamen sogar 195 Besucher mehr.

☒ Wie viele Personen besuchten den Freizeitpark am Samstag?

☒ Wie viele Besucher kamen am Freitag und am Samstag insgesamt?

◯ Wie viele Besucher hatten freien Eintritt?

Schriftliches Subtrahieren

Schriftliches Subtrahieren
① Schreibe die Zahlen richtig untereinander:
Einer unter Einer, Zehner unter Zehner, …
② Subtrahiere von rechts nach links:
zuerst die Einer, dann die Zehner, …
③ Entsteht ein Übertrag, schreibe ihn unten
in die nächste linke Stelle.

318 − 195 = ?
Ü: 320 − 200 = 120

	3	1	8
−	1	9	5
		1	
	1	2	3

1. Überschlage zuerst. Berechne danach das genaue Ergebnis.

a) 513 − 295 = **218**   b) 892 − 126 = **766**   c) 406 − 288 = **118**
Ü: 500 − 300 = **200**   Ü: 900 − 100 = **800**   Ü: 400 − 300 = **100**

5	1	3
−	2	9	5
	1	1
2	1	8

8	9	2
−	1	2	6
		1
7	6	6

4	0	6
−	2	8	8
	1	1
1	1	8

2. Schreibe untereinander und subtrahiere.

a) 424 − 219

4	2	4
−	2	1	9
		1
2	0	5

b) 513 − 62

5	1	3
−		6	2
		1
	4	5	1

c) 651 − 308

6	5	1
−	3	0	8
			1
3	4	3

3. Überschlage zuerst. Berechne danach das genaue Ergebnis.

a) 4961 − 1205 = **3756**   b) 6103 − 3897 = **2206**   c) 3098 − 978 = **2210**
Ü: 5000 − 1000 = **4000**   Ü: 6000 − 4000 = **2000**   Ü: 3000 − 1000 = **2000**

4	9	6	1
−	1	2	0	5
			1
	3	7	5	6

6	1	0	3
−	3	8	9	7
	1	1	1
	2	2	0	6

3	0	9	8
−		9	7	8
		1
2	1	2	0

4.
a) 5892 − 2729

5	8	9	2
−	2	7	2	9
			1
3	1	6	3

b) 3952 − 1860

3	9	5	2
−	1	8	6	0
		1
2	0	9	2

c) 9274 − 891

9	2	7	4
−		8	9	1
		1
8	3	8	3

5. Bilde mindestens 4 Subtraktionsaufgaben. Die Differenz soll kleiner als 5000 sein.

3421 7349
4058 1276
863   2105

Weitere Aufgaben sind möglich.

1	2	7	6
−		8	6	3
	1
	4	1	3

4	0	5	8
−	2	1	0	5
		1
1	9	5	3

7	3	4	9
−	4	0	5	8
		1
3	2	9	1

6. Überschlage. Verbinde mit dem richtigen Ergebnis.

a) 5618 − 3328   b) 6234 − 1522   c) 4082 − 2906

1980 2290 2970 3972 4552 4712 996 1176 2006

7. Subtrahiere. Die Lösungen stehen auf den Kärtchen. Eine Zahl bleibt übrig.

160 419 462 1162 1565 2422 3805 4104 4574 7688

a)
3	2	5	0
−	2	8	3	1
		1	1
		4	1	9

7	3	9	2
−	7	2	3	2
		1
	1	6	0

3	1	9	7
−	2	7	3	5
		1
	4	6	2

4	7	2	2
−	3	1	5	7
		1	1
1	5	6	5

b)
9	4	7	2
−	1	7	8	4
	1	1	1
7	6	8	8

7	0	4	5
−	4	6	2	3
		1
2	4	2	2

9	2	7	4
−	5	4	6	9
			1
3	8	0	5

8	8	0	9
−	4	2	3	5
		1
4	5	7	4

8. Welche Fragen kannst du beantworten? Kreuze an.

Insgesamt hatte ich 450 Eintrittskarten. Ich habe schon 317 Karten verkauft.

○ Wie viel Euro kosten 317 Eintrittskarten?

✗ Wie viele Eintrittskarten wurden am Samstag verkauft.

✗ Wie viele Eintrittskarten hat Herr Thiel noch?

9. Am Freitag wurden 956 Eintrittskarten verkauft.
Am Samstag wurden 883 Eintrittskarten verkauft.
Wie viele Karten wurden am Samstag verkauft?
A: _An Samstag wurden 73 Karten weniger verkauft._

R:	9	5	6
−	8	8	3
		1
		7	3

10. Am Sonntag wurden im Erlebnispark 4121 Besucher gezählt.
Am Montag kamen 1350 Besucher weniger.
Wie viele Personen besuchten den Erlebnispark am Montag?
A: _Am Montag besuchten 2771 Personen den Erlebnispark._

R:	4	1	2	1
−	1	3	5	0
	1	1
	2	7	7	1

11. Schreibe eine Rechengeschichte zur Aufgabe. 1451 − 326
Notiere dazu Frage, Rechnung und Antwort.

Am Mittwoch fuhren 1451 Personen mit der Wasserbahn.
Am Donnerstag _fuhren 326 Personen weniger._
F: _Wie viele Personen fuhren am Donnerstag mit der Wasserbahn?_

R:	1	4	5	1
−		3	2	6
			1
1	1	2	5

A: _Am Donnerstag fuhren 1125 Personen mit der Wasserbahn._

TRAINER 32

Addieren und Subtrahieren   S. 57–59

1. Die Zahlen in jedem Stockwerk ergeben zusammen die Zahl im Dach.

a)
1000		
700	300	
800	200	
100	900	
500	500	
400	600	

b)
1000		
920		80
10	990	
930	70	
60	940	
950	50	

c)
1000		
	350	650
550	450	
850	150	
750	250	
50	950	

d)
1000		
490	510	
290	710	
560	440	
380	620	
270	730	

2. Trage die Buchstaben bei den Lösungszahlen ein. Du erhältst ein Lösungswort.

a) 24 + 17 = 41   I
35 + 12 = 47   S
57 + 25 = 82   R
49 + 32 = 81   A

b) 36 − 18 = 18   E
52 − 31 = 21   L
64 − 35 = 29   E
95 − 55 = 40   N

c) 18 + 32 = 50   P
66 + 26 = 92   K
71 − 32 = 39   B
43 − 24 = 19   R

18	19	21	29	39	40	41	47	50	81	82	92
E	R	L	E	B	N	I	S	P	A	R	K

3. Rechne aus und vergleiche die Ergebnisse.

a) 450 − (20 + 80) =
450 − 100 = 350
450 − 20 + 80 =
430 + 80 = 510

b) 500 − (150 − 100) =
500 − 50 = 450
500 − 150 − 100 =
350 − 100 = 250

c) 630 − (40 + 60) =
630 − 100 = 530
630 − 40 + 60 =
590 + 60 = 650

4. Wähle deinen Rechenweg. Dein Lösungsweg könnte anders aussehen.

a) 430 + 380 + 70 =
430 + 70 + 380 = 880

b) 260 + 480 + 20 =
260 + (480 + 20) = 760

c) 185 + 540 + 15 =
185 + 15 + 540 = 740

d) 111 + 598 + 2 =
111 + (598 + 2) = 711

e) 116 + 110 + 14 =
116 + 14 + 110 = 240

f) 432 + 205 + 18 =
432 + 18 + 205 = 655

5. Überschlage. Verbinde mit dem richtigen Ergebnis.

a) 713 + 104

b) 294 + 187

c) 552 − 308

| 907 | 817 | 847 | | 501 | 497 | 481 | | 306 | 244 | 344 |

TRAINER 33

Addieren und Subtrahieren   S. 57–59

6. Addiere. Die Lösungen stehen auf den grünen Kärtchen. Eine Zahl bleibt übrig.

863   883
993
6799   5872

a)
```
  6 0 5
+ 2 7 8
-----
  8 8 3
    1
```

b)
```
  7 1 8
+ 1 4 5
-----
  8 6 3
    1
```

c)
```
  3 6 3 5
+ 3 1 6 4
-------
  6 7 9 9
```

d)
```
  4 7 7 7 8
+ 1 0 9 4
---------
  5 8 7 2
    1   1
```

7. Addiere 3 Summanden. Die Lösungen stehen auf den blauen Kärtchen.

427   560
7008   8618
9419

a)
```
  2 4 5
  1 2 3
+ 5 9
-----
  4 2 7
    1
```

b)
```
  8 3
  4 6 8
+ 9
-----
  5 6 0
  1 2
```

c)
```
  7 8 3 2
  8 7 3
+ 7 1 4
-------
  9 4 1 9
  2 1 1
```

d)
```
  3 0 4 3
  2 1 6 0
+ 1 8 0 5
-------
  7 0 0 8
    1 1
```

8. Subtrahiere. Die Lösungen stehen auf den gelben Kärtchen.

155   234
304   2110
3161

a)
```
  4 2 3
− 1 1 9
-----
  3 0 4
    1
```

b)
```
  2 3 7
− 8 2
-----
  1 5 5
```

c)
```
  8 0 3 8
− 5 9 2 8
-------
  2 1 1 0
    1
```

d)
```
  7 5 2 3
− 4 3 6 2
-------
  3 1 6 1
      1
```

9. Bilde jeweils mindestens 3 Aufgaben (+ oder −). Das Ergebnis soll kleiner als 350 sein.

a) 520   66   187   333
b) 137   198   123   405
c) 92   451   190   386   156
d) 610   500   76   289   184

Weitere Aufgaben sind möglich.

187 + 66 = 253   137 + 123 = 260   156 + 92 = 248   184 + 76 = 260
187 − 66 = 121   137 − 123 = 14   190 + 92 = 282   184 − 76 = 108
333 − 187 = 146   198 − 137 = 61   190 − 92 = 98   610 − 500 = 110

10. Im Kopf oder schriftlich? Notiere die Ergebnisse.

a) 400 + 320 = 720
135 + 357 = 492

b) 248 − 194 = 54
575 − 475 = 100

c) 2105 + 805 = 2910
3456 − 298 = 3158

3 | Grundlagen der Geometrie

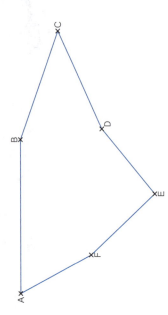

Wie sind die Bretter in einem Regalsystem angeordnet? Erkennst du Formen, die sich wiederholen?

In diesem Kapitel lernst du, ...

... wie du Strecken, Strahlen und Geraden unterscheidest.

... wie du mit dem Geodreieck parallele und senkrechte Linien zeichnest.

... wie du den Abstand von Punkten und Geraden bestimmst.

... was ein Koordinatensystem ist und wie du Punkte abliest und einzeichnest.

... wie du Figuren spiegelst und verschiebst.

... wie du eine dynamische Geometriesoftware nutzt.

Strecke, Strahl und Gerade

> Eine **Strecke** hat einen Anfangspunkt und einen Endpunkt.
>
> Strecke $\overline{AB}$
>
> Ein **Strahl** hat einen Anfangspunkt und keinen Endpunkt.
>
> Strahl $\overrightarrow{CD}$
>
> Eine **Gerade** hat keinen Anfangspunkt und keinen Endpunkt.
>
> Gerade EF

1. Strecke, Strahl oder Gerade? Trage in die Tabelle ein.

Strecke	a, c, g
Strahl	b, d
Gerade	e, f

2. Zeichne die Strecken. Miss ihre Länge und trage sie in die Tabelle ein.

Strecke	Länge
$\overline{AB}$	6,0 cm
$\overline{BC}$	4,5 cm
$\overline{CD}$	4,2 cm
$\overline{DE}$	3,3 cm
$\overline{EF}$	3,5 cm
$\overline{AF}$	3,2 cm

3. Zeichne die Strecke mit der angegebenen Länge.

a) 6 cm

b) 5,3 cm

c) 3,5 cm

d) 8,9 cm

e) 10,2 cm

f) 12,4 cm

Grundlagen der Geometrie

Zueinander senkrechte und parallele Geraden

So entsteht ein rechter Winkel:

1. 2. 3.

Die beiden Geraden bilden einen rechten Winkel.
Sie sind zueinander senkrecht (orthogonal).
Du schreibst: a ⊥ b (a ist senkrecht zu b)

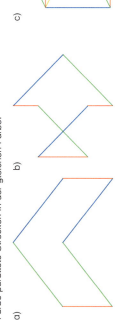

1. Kennzeichne rechte Winkel mit ⌐. Wie viele rechte Winkel hat jede Figur?
a)   b)   c)

___4___ rechte Winkel   ___4___ rechte Winkel   ___3___ rechte Winkel

TIPP

So prüfst du mit dem Geodreieck, ob Geraden zueinander senkrecht sind.
1. Möglichkeit   2. Möglichkeit

2. Welche Geraden sind zueinander senkrecht? Prüfe mit dem Geodreieck. Färbe Geraden, die zueinander senkrecht sind, in der gleichen Farbe.
a)   b)

Grundlagen der Geometrie

So entstehen parallele Linien:

1. 2. 3. 4.

Parallele Geraden haben überall den gleichen Abstand.
Sie treffen sich nicht.
Du schreibst: a ∥ b (a ist parallel zu b)

3. Färbe parallele Strecken in der gleichen Farbe.
a)   b)   c)

4. Prüfe mit dem Geodreieck, welche Geraden zueinander parallel sind. Färbe Geraden, die zueinander parallel sind, in der gleichen Farbe.

TIPP

So prüfst du mit dem Geodreieck, ob Geraden zueinander parallel sind.

a)

b)   c)

Grundlagen der Geometrie

Zueinander senkrechte Geraden mit dem Geodreieck zeichnen

So zeichnest du eine senkrechte Gerade (**Senkrechte**) zur Geraden g durch den Punkt P:

5. Zeichne die Senkrechte zur Geraden g durch den Punkt P.
a)   b)   c)

Zueinander parallele Geraden mit dem Geodreieck zeichnen

So zeichnest du eine parallele Gerade (**Parallele**) zur Geraden g durch den Punkt P:

6. Zeichne die Parallele zur Geraden g durch den Punkt P.
a)   b)   c)

7. Parallel oder senkrecht? Setze ein: ∥ oder ⊥

a ___ b
b ___ c
d ___ e
a ___ d
e ___ a

Grundlagen der Geometrie

Abstand

Der Abstand ist die kürzeste Entfernung zwischen einem Punkt und einer Geraden.

Der Abstand ist die kürzeste Entfernung zwischen zwei Geraden.

1. Zeichne mit dem Geodreieck die kürzeste Strecke zwischen Insel und Küste ein.
a)   b)

2. Zeichne die Senkrechten zur Geraden g durch die Punkte A, B und C. Miss den Abstand jedes Punktes von der Geraden g.

Abstand von …
A und g: __2,5__ cm
B und g: __1,3__ cm
C und g: __1,5__ cm

3. Zeichne Punkte mit dem angegebenen Abstand zur Geraden g.
A: 3,5 cm   B: 2,5 cm   C: 1,5 cm   D: 1 cm

4. Bestimme den Abstand der parallelen Geraden wie im Bild.

TIPP: So misst du den Abstand mit dem Geodreieck.

a)   b)

Abstand: __2 cm__   Abstand: __2,5 cm__

Das Koordinatensystem

Ein **Koordinatensystem** besteht aus einer **x-Achse** (Rechtsachse) und einer **y-Achse** (Hochachse). Der **Ursprung** ist der gemeinsame Anfangspunkt der beiden Achsen, er hat die Koordinaten (0|0).

Ein Punkt wird durch zwei Koordinaten (x|y) genau beschrieben. In der Abbildung hat der Punkt P die Koordinaten (3|2).

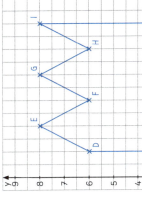

1. Von jedem Punkt ist nur eine Koordinate angegeben. Ergänze die fehlenden Koordinaten.

a)

b)

A(4| 3), B(1 |5), C(1 |2), D(2| 4), E(6| 4), F(5| 1)

A(1| 1), B(5 |2), C(2| 5), D(6 |5), E(4 |0), F(0| 4)

2. Bei einer Ausgrabung werden Fundorte in ein Koordinatensystem eingetragen. Notiere die Koordinaten.

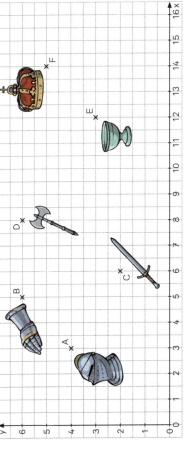

A(3 | 4), B(5 | 6), C(6 | 2), D(8 | 6), E(12 | 3), F(14 | 5)

Grundlagen der Geometrie

3.
a) Auf der Insel sind Schätze versteckt. Trage die Punkte in die Karte ein.

A(3|5), B(6|5), C(2|2), D(6|3), E(1|5), F(4|4), G(2|4), H(4|2)

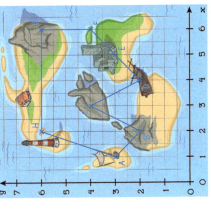

b) Eine Reise von Insel zu Insel: Trage die Punkte ein und verbinde sie der Reihe nach.

A(1|3), B(2|2), C(3|4), D(4|2), E(5|3), F(6|4), G(6|6), H(2|6)

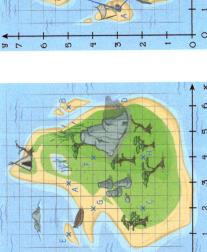

4. Trage die Punkte in das Koordinatensystem ein und verbinde sie der Reihe nach.

a) A(1|2), B(2|1), C(6|1), D(6|2), E(4|2), F(4|8), G(5|7), H(4|7), I(6|3), J(2|3), K(3|5), L(4|6)

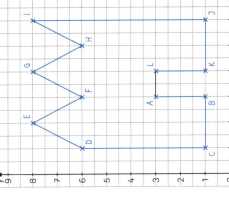

b) A(3|3), B(3|1), C(1|1), D(1|6), E(2|8), F(3|6), G(4|8), H(5|6), I(6|8), J(6|1), K(4|1), L(4|3)

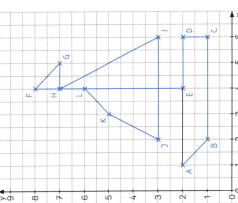

BLEIB FIT

Wiederholungsaufgaben

Die Lösungen ergeben die Namen von Obstsorten.

1. a) $17 + 7 = \underline{24}$ b) $31 + 18 = \underline{49}$ c) $230 + 55 = \underline{285}$
$57 - 8 = \underline{49}$ $59 - 20 = \underline{39}$ $210 - 10 = \underline{200}$
$5 \cdot 5 = \underline{25}$ $9 \cdot 7 = \underline{63}$ $10 \cdot 12 = \underline{120}$
$16 : 2 = \underline{8}$ $49 : 7 = \underline{7}$ $81 : 9 = \underline{9}$

1. a)
H	E	I	D	E	L	B	E	E	R	E	N

1. b) (middle section) 1. c) (right section)

2. Gib den Vorgänger oder den Nachfolger an.

a) $62 < \underline{63}$ b) $\underline{99} < 100$ c) $3836 < \underline{3837}$
$299 < \underline{300}$ $\underline{260} < 261$ $\underline{3846} < 3847$

2. a)
B	I	R	N	E

2. b) 2. c)

3. Wie heißen die Zahlen?

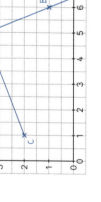

3812, 3828, 3846, 3878, 3894

3.
M	A	N	G	O	S

4. Beachte die Rechenregeln.

a) $52 - 20 + 2 = \underline{34}$ b) $52 - (20 + 2) = \underline{30}$ c) $95 - (20 - 5) = \underline{80}$
$\underline{32 + 2} = 34$ $\underline{52 - 22} = 30$ $\underline{95 - 15} = 80$

4. a) 4. b) 4. c)
M	E	L	O	N	E

5.
a)
```
  2 5 3
+ 3 6 2 5
-------
  3 8 7 8
```
b)
```
  1 2 3 8
+ 2 6 0 8
-------
  3 8 4 6
```
c)
```
  6 9 5 9
- 3 1 2 2
-------
  3 8 3 7
```
d)
```
  5 0 6 9
- 1 2 2 3
-------
  3 8 4 6
```

5. a) 5. b) 5. c) 5. d)
O	N	E	N

E	7
D	8
N	9
H	24
I	25
E	30
M	34
L	39
E	49
B	63
L	80
R	99
E	120
R	200
N	260
E	285
I	300
M	3812
A	3828
E	3837
N	3846
G	3860
O	3878
S	3894

Grundlagen der Geometrie

5. a) Bestimme die Koordinaten der Punkte A, B und C.

b) Zeichne die Gerade g durch die Punkte A und B.

c) Zeichne die Parallele und die Senkrechte zur Geraden g durch den Punkt C.

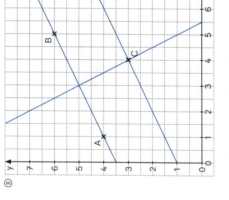

Ⓐ A(1 | 3), B(5 | 1), C(4 | 4)

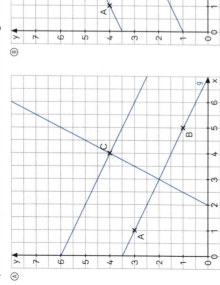

Ⓑ A(1 | 4), B(5 | 6), C(4 | 3)

6. Trage die Punkte A, B und C in das Koordinatensystem ein.
a) Zeichne die Gerade durch die Punkte A und B.
b) Miss den Abstand des Punktes C von der Geraden AB.

Ⓐ A(1|1), B(6|4), C(1|6)

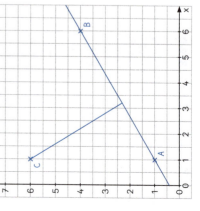

Abstand: 4,3 cm

Ⓑ A(4|6), B(6|1), C(1|2)

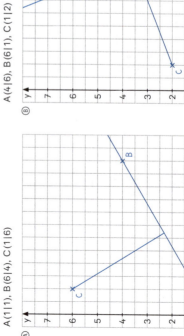

Abstand: 4,3 cm

Achsensymmetrie und Achsenspiegelung

Wenn du eine Figur entlang einer Linie so falten kannst, dass die beiden Hälften genau aufeinander liegen, dann ist die Figur **achsensymmetrisch**. Die Faltlinie nennt man **Symmetrieachse**. Eine Figur kann auch mehrere Symmetrieachsen haben.

 eine Symmetrieachse   zwei Symmetrieachsen   vier Symmetrieachsen   keine Symmetrieachse

1. Welche Figuren sind achsensymmetrisch? Kreuze an und trage alle Symmetrieachsen ein.

a) ⊗   b) ◯   c) ⊗   d) ⊗

2. Ergänze zu einer achsensymmetrischen Figur.

a)   b)   c)   d)

Grundlagen der Geometrie

Achsensymmetrische Bilder entstehen durch eine **Achsenspiegelung**. So spiegelst du einen Punkt P an einer Spiegelachse s:

Lege das Geodreieck mit der Mittellinie auf die Spiegelachse.

Miss den Abstand von P zur Spiegelachse.

Trage den **Bildpunkt P'** im selben Abstand auf der anderen Seite ein.

1. Spiegle die Punkte an der Spiegelachse s.

a)   b)

2. Spiegle die Figur an der Spiegelachse s.

a)   b)

PROJEKT 46

Zeichnen mit dynamischer Geometriesoftware

Mit einer dynamischen Geometriesoftware (DGS) kannst du Punkte, Strahlen, Strecken und Figuren zeichnen. Du kannst auch parallele und senkrechte Geraden zeichnen und Figuren spiegeln.

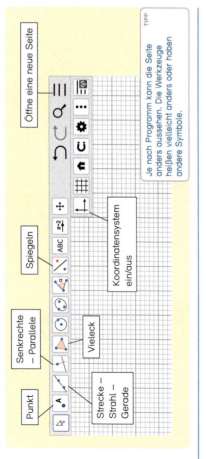

- Punkt
- Strecke – Strahl – Gerade
- Senkrechte – Parallele
- Vieleck
- Spiegeln
- Koordinatensystem ein/aus
- Öffne eine neue Seite

TIPP
Je nach Programm kann die Seite anders aussehen. Die Werkzeuge heißen vielleicht anders oder haben andere Symbole.

1. So bereitest du die Zeichenfläche vor. Wenn du einen Schritt erledigt hast, setze ein Häkchen. **ANLEITUNG**
- ☐ Klicke rechts oben auf die Schaltfläche.
- ☐ Wähle das Symbol.
- ☐ Klicke nun auf.
- ☐ Klicke auf die Schaltflächen und erkunde ihre Funktionen.

Mit ↺ machst du deine letzten Schritte rückgängig. Starte jede Aufgabe mit einer leeren Zeichenfläche.

2. So zeichnest du Punkte. **ANLEITUNG**
- ☐ Klicke auf die Schaltfläche.
- ☐ Setze Punkte auf die Zeichenfläche.

3. So zeichnest du eine Gerade durch die Punkte A und B. **ANLEITUNG**
- ☐ Klicke auf die Schaltfläche und
- ☐ dann nacheinander auf die Punkte.

Mit Klicken auf die Schaltfläche kannst du auch einen Strahl oder eine Strecke zeichnen. Klicke danach auf Strahl oder auf Strecke und dann nacheinander auf zwei Punkte.

PROJEKT 47

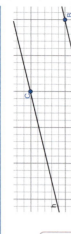
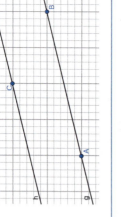
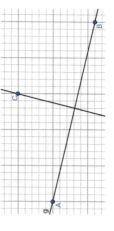
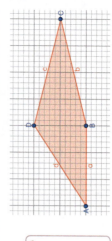
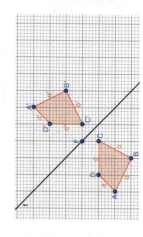

4. So zeichnest du eine Strecke mit der Länge 5. **ANLEITUNG**
- ☐ Klicke auf die Schaltfläche.
- ☐ Wähle dann Strecke mit fester Länge.
- ☐ Klicke auf einen Punkt.
- ☐ Gib im Fenster für die Länge den Wert 5 ein.

5. So zeichnest du zu einer Geraden die parallele Gerade durch einen Punkt. **ANLEITUNG**
- ☐ Zeichne die Gerade AB.
- ☐ Zeichne einen Punkt C, der nicht auf der Geraden liegt.
- ☐ Wähle nun parallele Gerade.
- ☐ Klicke auf die Gerade und auf den Punkt C.

6. So zeichnest du zu einer Geraden die senkrechte Gerade durch einen Punkt. **ANLEITUNG**
- ☐ Zeichne die Gerade AB.
- ☐ Zeichne einen Punkt C, der nicht auf der Geraden liegt.
- ☐ Wähle nun senkrechte Gerade.
- ☐ Klicke auf die Gerade und auf den Punkt C.

7. So zeichnest du Dreiecke und Vierecke. **ANLEITUNG**
- ☐ Wähle das Werkzeug.
- ☐ Zeichne nacheinander die Eckpunkte und klicke dann erneut auf den ersten Eckpunkt.
- ☐ Zeichne verschiedene Dreiecke.
- ☐ Zeichne verschiedene Rechtecke.

8. So spiegelst du eine Figur an einer Geraden. **ANLEITUNG**
- ☐ Zeichne ein Viereck.
- ☐ Zeichne eine Gerade.
- ☐ Wähle nun.
- ☐ Klicke auf das Viereck und auf die Gerade.

Die Verschiebung

Eine **Verschiebung** wird durch einen Pfeil bestimmt.

Der Pfeil gibt an, **in welche Richtung und wie weit** die Figur verschoben wird.

Beschreibung in Worten:
„Verschiebung um 4 Kästchen nach rechts."

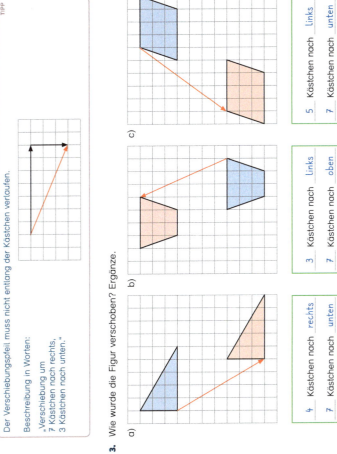

Figur   Bildfigur

1. Wie wurde die Figur verschoben? Ergänze.

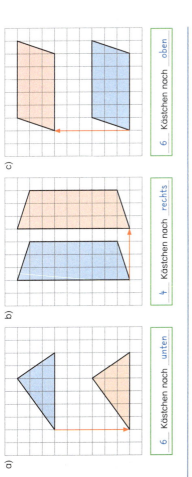

a) _6_ Kästchen nach _unten_

b) _4_ Kästchen nach _rechts_

c) _6_ Kästchen nach _oben_

2. Verschiebe die Figur mit dem Verschiebungspfeil.

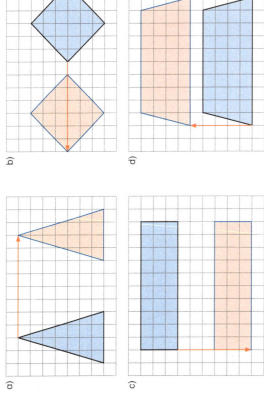

TIPP

Der Verschiebungspfeil muss nicht entlang der Kästchen verlaufen.

Beschreibung in Worten:
„Verschiebung um
7 Kästchen nach rechts,
3 Kästchen nach unten."

3. Wie wurde die Figur verschoben? Ergänze.

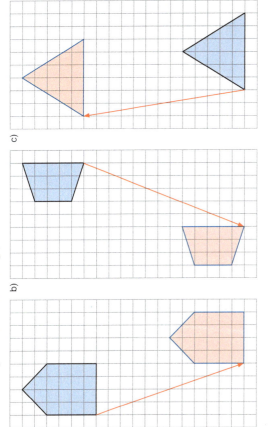

a) _4_ Kästchen nach _rechts_
   _7_ Kästchen nach _unten_

b) _3_ Kästchen nach _links_
   _7_ Kästchen nach _oben_

c) _5_ Kästchen nach _links_
   _7_ Kästchen nach _unten_

4. Verschiebe die Figur mit dem Verschiebungspfeil.

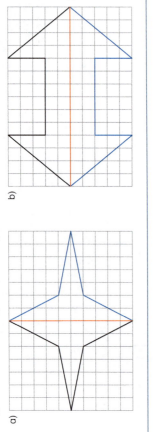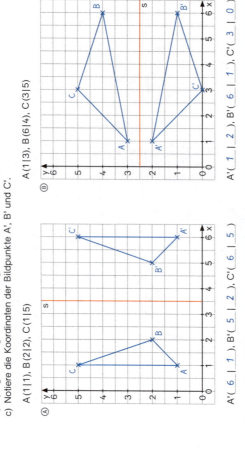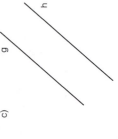

4 | Multiplizieren und Dividieren

Wie teuer ist eine Tour mit den Canadier-Booten?
Ist es günstiger, wenn deine Klasse statt 3er-Canadiern 4er- oder 5er-Canadier ausleiht?

CANADIER-VERLEIH

Canadier 3er	21 €
Canadier 4er	26 €
Canadier 5er	30 €

(Leihgebühr für jeweils 4 Stunden)

In diesem Kapitel lernst du, ...
... wie du im Kopf multiplizierst und dividierst.
... wie du schriftlich multiplizierst und dividierst.
... wie du beim Multiplizieren und Dividieren Rechenvorteile nutzt.
... wie du Sachaufgaben zum Multiplizieren und Dividieren löst.

Natürliche Zahlen multiplizieren und dividieren

Die Multiplikation (Malrechnen**)**
Faktor · Faktor = Produkt
8 · 6 = 48

Die Division (Geteiltrechnen**)**
Dividend : Divisor = Quotient
48 : 6 = 8

Das **Produkt** der Faktoren 8 und 6 ist 48.
Der **Quotient** der Zahlen 48 und 6 ist 8.

Rechnen mit Null: 0 · 8 = 0   8 · 0 = 0   0 : 8 = 0   8 : 0 (geht nicht!)

1. Vervollständige die Rechnung und den Antwortsatz.

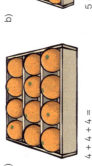

Eine Karte kostet 8 €.
Ich brauche 4 Karten.

F: Wie viel Euro kosten 4 Karten insgesamt?
R: 8 + 8 + 8 + 8 =
4 · 8 = __32__
A: 4 Karten kosten insgesamt __32__ €.

2. Schreibe als Produkt und berechne.

a)
4 + 4 + 4 =
3 · 4 = __12__

b)
5 + 5 + 5 + 5 =
4 · 5 = 20

c)
6 + 6 + 6 + 6 + 6 =
5 · 6 = 30

3. Notiere beide Aufgaben mit Ergebnis.

a)
3 · 5 = __15__
5 · 3 = __15__

b)
4 · 2 = 8
2 · 4 = 8

c)
3 · 6 = 18
6 · 3 = 18

d)
4 · 6 = 24
6 · 4 = 24

4. Notiere immer vier Aufgaben mit Ergebnis.

a)
2 · 4 = 8
4 · 2 = 8
8 : 4 = 8
8 : 2 = 8

b)
2 · 5 = 10
5 · 2 = 10
10 : 5 = 2
10 : 2 = 5

c)
5 · 3 = 15
3 · 5 = 15
15 : 3 = 5
15 : 5 = 3

d)
5 · 4 = 20
4 · 5 = 20
20 : 4 = 5
20 : 5 = 4

Multiplizieren und Dividieren

5.
a) 3·5 = 15   b) 4·2 = 8   c) 5·8 = 40   d) 3·4 = 12   e) 8·6 = 48
   6·5 = 30   8·2 = 16   3·6 = 18   5·7 = 35   3·9 = 27
   8·5 = 40   5·2 = 10   4·4 = 16   6·6 = 36   6·7 = 42
   9·5 = 45   7·2 = 14   6·2 = 12   4·8 = 32   9·4 = 36

6. a) Verdoppele die Zahlen.

	6	3	4	5	7	10	9
	12	6	8	10	14	20	18

b) Halbiere die Zahlen.

	8	10	16	12	18	20	14
	4	5	8	6	9	10	7

7. a)

·	2	5	3
4	8	20	12
7	14	35	21
5	10	25	15

b)

·	8	6	7
5	40	30	35
3	24	18	21
6	48	36	42

c)

·	2	9	4
9	18	81	36
7	63	54	28
7	42	28	

8.
a) 5 · 2 = 10   b) 4 · 3 = 12   c) 3 · 3 = 9   d) 6 · 2 = 12   e) 8 · 2 = 16
   5 · 4 = 20   2 · 5 = 10   5 · 3 = 15   8 · 5 = 40   9 · 2 = 18
   5 · 8 = 40   4 · 5 = 20   3 · 6 = 18   7 · 3 = 21   7 · 1 = 7

9. Wie viel Stück sind es insgesamt?

a) R: 3 · 5 = 15
Insgesamt: 15 Stück

b) R: 5 · 6 = 30
Insgesamt: 30 Stück

c) R: 4 · 8 = 32
Insgesamt: 32 Stück

10.
a) 2·11 = 22   b) 2·12 = 24   c) 2·14 = 28   d) 1·13 = 13   e) 8·11 = 88
   3·11 = 33   4·12 = 48   1·14 = 14   7·11 = 77   0·19 = 0
   5·11 = 55   3·12 = 36   0·14 = 0   0·16 = 0   1·15 = 15

11.
a) 15:5 = 3   b) 20:4 = 5   c) 40:8 = 5   d) 24:4 = 6   e) 7:7 = 1
   10:2 = 5   12:3 = 4   16:4 = 4   14:7 = 2   30:5 = 6
   6:2 = 3   18:2 = 9   36:6 = 6   24:8 = 3   36:9 = 4
   8:4 = 2   30:6 = 5   35:7 = 5   25:5 = 5   24:6 = 4

12. a)

:	3	2
12	4	6
6	2	3
18	6	9

b)

:	6	3
30	5	10
6	1	2
18	3	6

c)

:	4	6
24	6	4
12	3	2
36	9	6

d)

:	4	2
8	2	1
32	8	4
16	4	2

13.
a) 49:7 = 7   b) 81:9 = 9   c) 36:4 = 9   d) 63:9 = 7   e) 72:8 = 9
   64:8 = 8   18:9 = 2   56:8 = 7   54:6 = 9   28:7 = 4

14.

F: Wie viele Boote werden benötigt?
R: 24:4 = 6
A: Es werden 6 Boote benötigt.

15. Vervollständige die Probe und den Antwortsatz.

F: Wie viele Flaschen bleiben übrig?
R: 32:6 = 5 R 2
Probe: 5·6 = 30
         30 + 2 = 32
A: Es bleiben 2 Flaschen übrig.

16. Bei diesen Aufgaben bleibt ein Rest. Mache die Probe.

a) 14:3 = 4 R 2   b) 47:5 = 9 R 2   c) 49:9 = 5 R 4   d) 34:7 = 4 R 6
Probe: Probe: Probe: Probe:
4 · 3 = 12   9 · 5 = 45   5 · 9 = 45   4 · 7 = 28
12 + 2 = 14   45 + 2 = 47   45 + 4 = 49   28 + 6 = 34

Multiplizieren und Dividieren mit Zehnerzahlen

Multiplizieren mit 10, 100, 1000

Du multiplizierst eine Zahl mit 10, 100, 1000, indem du 1, 2 oder 3 Nullen anhängst.

37 · 10 = 370   37 · 100 = 3700

Dividieren durch 10, 100, 1000

Du dividierst eine Zahl durch 10, 100, 1000, indem du 1, 2 oder 3 Nullen wegstreichst.

5400 : 10 = 540   5400 : 100 = 54

1. Vervollständige die Rechnung und den Antwortsatz.

a) Von Celle nach Hannover und zurück sind es 100 km. Der Bus fährt die Strecke in der Woche 28-mal.

R: 28 · 100 = 2800
A: Der Bus fährt 2800 km in der Woche.

b) F: Wie viel Kilometer fährt der Bus in der Woche?

2. a) 6 · 10 = 60   b) 8 · 10 = 80
    6 · 100 = 600   8 · 100 = 800
    6 · 1000 = 6000   8 · 1000 = 8000

3. a) 10 · 70 = 700   b) 10 · 90 = 900
    10 · 700 = 7000   10 · 900 = 9000

4. a) 10 · 23 = 230   b) 10 · 51 = 510
    10 · 47 = 470   10 · 39 = 390

5. a)

·	100	10
48	4800	480
20	2000	200
97	9700	970
80	8000	800

b)

:		10	100
5000		500	50
7300		730	73
8000		800	80
4100		410	41

Mit 10 Fahrten von Hamburg nach Osnabrück und zurück fährt der Zug 3900 km.

R: 3900 : 10 = 390
A: Hin und zurück sind es 390 km.

c) 4000 : 10 = 400   d) 9000 : 10 = 900
   4000 : 100 = 40   9000 : 100 = 90
   4000 : 1000 = 4   9000 : 1000 = 9

c) 600 · 10 = 6000   d) 20 · 100 = 2000
   60 · 10 = 600   20 · 10 = 200

c) 99 · 10 = 990   d) 85 · 10 = 850
   11 · 10 = 110   66 · 10 = 660

---

6. Vervollständige den Text zum Bild.

Bitte 3 rote Rosen.   Stück 2 €   3 · 2 € = 6 €
Bitte diese 3 Kisten.   20 € (×3)   3 · 20 € = 60 €

Die 3 roten Rosen kosten 6 €. Die 3 Kisten mit Blumen kosten 60 €.

7. a) 5 · 3 = 15   b) 3 · 6 = 18   c) 4 · 20 = 80   d) 30 · 3 = 90
    5 · 30 = 150   3 · 60 = 180   4 · 200 = 800   300 · 3 = 900
    5 · 300 = 1500   3 · 600 = 1800   4 · 2000 = 8000   3000 · 3 = 9000

8. a) 40 · 3 = 120   b) 4 · 60 = 240   c) 4 · 800 = 3200   d) 300 · 5 = 1500
    80 · 6 = 480   8 · 90 = 720   5 · 600 = 3000   700 · 6 = 4200
    20 · 9 = 180   4 · 80 = 320   2 · 400 = 800   900 · 3 = 2700

9. a) 14 : 2 = 7   b) 21 : 3 = 7   c) 28 : 7 = 4   d) 32 : 8 = 4
    140 : 2 = 70   210 : 3 = 70   280 : 7 = 40   320 : 8 = 40

10. a) 120 : 6 = 20   b) 360 : 4 = 90   c) 240 : 8 = 30   d) 630 : 9 = 70
    270 : 3 = 90   420 : 7 = 60   540 : 9 = 60   640 : 8 = 80
    250 : 5 = 50   810 : 9 = 90   720 : 8 = 90   400 : 5 = 80

11. Das Geld wird gerecht verteilt. Notiere die Rechnung mit Ergebnis.

a) 320 €   b) 120 €   c) 180 €
320 € : 4 = 80 €   120 € : 2 = 60 €   180 € : 3 = 60 €

12. a)

·	4	8	6	3	5	6
200	800	1600	1200	100	60	50
500	2000	4000	3000	200	120	100
600	2400	4800	3600	40	24	20

b)

:	300	600	120

Rechenregeln

Rechenregeln für gemischte Punkt- und Strichrechnung

① Was in Klammern steht, wird zuerst berechnet.
$7 \cdot (6 + 4) =$
$7 \cdot 10 = 70$

② Punktrechnung ($\cdot$ und $:$) geht vor Strichrechnung ($+$ und $-$).
$15 - 5 \cdot 2 =$
$15 - 10 = 5$

③ Sonst wird von links nach rechts gerechnet.
$9 + 6 - 5 =$
$15 - 5 = 10$

1.
a) $20 + 2 \cdot 3 = \underline{}$
$20 + 6 = \underline{26}$

$(20 + 2) \cdot 3 = $
$22 \cdot 3 = \underline{66}$

b) $3 \cdot (5 + 2) = $
$3 \cdot 7 = \underline{21}$

$3 \cdot 5 + 2 = $
$15 + 2 = \underline{17}$

c) $5 \cdot 6 + 7 = $
$30 + 6 = \underline{36}$

$5 \cdot (6 + 7) = $
$5 \cdot 13 = \underline{65}$

2. Beachte die Rechenregeln.

a) $11 + 4 \cdot 2 = \underline{19}$
$(11 + 4) \cdot 2 = \underline{30}$

b) $(15 - 4) \cdot 2 = \underline{22}$
$15 - 4 \cdot 2 = \underline{7}$

c) $10 : 2 + 3 = \underline{8}$
$10 : (2 + 3) = \underline{2}$

3.
a) $8 + 3 \cdot 2 = \underline{14}$
$9 - 2 \cdot 4 = \underline{1}$
$5 + 5 \cdot 5 = \underline{30}$
$7 - 3 \cdot 0 = \underline{7}$

b) $9 - 6 : 3 = \underline{7}$
$4 + 8 : 2 = \underline{8}$
$5 - 6 : 3 = \underline{3}$
$1 + 9 : 3 = \underline{4}$

c) $3 \cdot 5 + 4 = \underline{19}$
$8 : 2 + 2 = \underline{6}$
$4 \cdot 5 - 6 = \underline{14}$
$7 \cdot 0 + 9 = \underline{9}$

4. Ordne jedem Text einen Rechenausdruck zu. Rechne aus.

Eintritt: 6 €
Popcorn: 3 €
Cola: 2 €

Timo kauft für sich und für seine drei Freunde Kinokarten und je eine Tüte Popcorn.

Lara kauft drei Kinokarten und zwei Cola.

Leo kauft eine Kinokarte, eine Cola und eine Tüte Popcorn. Für seine Freundin kauft er dasselbe.

$3 \cdot 6 + 2 \cdot 2$
$18 + 4 = 22$

$2 \cdot (6 + 2 + 3)$
$2 \cdot 11 = 22$

$4 \cdot 6 + 4 \cdot 3$
$24 + 12 = 36$

Geschicktes Rechnen

Kommutativgesetz (Vertauschungsgesetz)
Beim Multiplizieren darfst du die Zahlen vertauschen.
$2 \cdot 14 \cdot 5 = 2 \cdot 5 \cdot 14$
$28 \cdot 5 = 10 \cdot 14$

Assoziativgesetz (Verbindungsgesetz)
Beim Multiplizieren darfst du beliebig Klammern setzen.
$4 \cdot (5 \cdot 3) = (4 \cdot 5) \cdot 3$
$4 \cdot 15 = 20 \cdot 3$

1. Bei welchem Rechenweg rechnest du schneller? Kreuze an und rechne aus.

a) ◯ $5 \cdot 37 \cdot 2 =$
✗ $5 \cdot 2 \cdot 37 =$
$10 \cdot 37 = 370$

b) ✗ $2 \cdot 50 \cdot 8 =$
◯ $2 \cdot 8 \cdot 50 =$
$100 \cdot 8 = 800$

c) ◯ $2 \cdot 76 \cdot 5 =$
✗ $2 \cdot 5 \cdot 76 =$
$10 \cdot 76 = 760$

2. Vertausche die Zahlen und rechne geschickt.

a) $5 \cdot 74 \cdot 2 =$
$5 \cdot 2 \cdot 74 = 740$

b) $2 \cdot 29 \cdot 5 =$
$2 \cdot 5 \cdot 29 = 290$

c) $5 \cdot 43 \cdot 2 =$
$5 \cdot 2 \cdot 43 = 430$

3. Bei welchem Rechenweg rechnest du schneller? Kreuze an und rechne aus.

a) ◯ $2 \cdot (5 \cdot 13) =$
✗ $(2 \cdot 5) \cdot 13 =$
$10 \cdot 13 = 130$

b) ✗ $(50 \cdot 2) \cdot 7 =$
◯ $50 \cdot (2 \cdot 7) =$
$100 \cdot 7 = 700$

c) ✗ $9 \cdot (5 \cdot 20) =$
◯ $(9 \cdot 5) \cdot 20 =$
$9 \cdot 100 = 900$

4. Setze Klammern und rechne geschickt.

a) $(5 \cdot 2) \cdot 46 =$
$10 \cdot 46 = 460$

b) $38 \cdot (5 \cdot 2) =$
$38 \cdot 10 = 380$

c) $7 \cdot (20 \cdot 5) =$
$7 \cdot 100 = 700$

5. Wähle deinen Rechenweg. Dein Lösungsweg könnte anders aussehen.

a) $5 \cdot 2 \cdot 27 =$
$10 \cdot 27 = 270$

b) $2 \cdot 48 \cdot 5 =$
$10 \cdot 48 = 480$

c) $18 \cdot 2 \cdot 5 =$
$18 \cdot 10 = 180$

d) $68 \cdot 5 \cdot 2 =$
$68 \cdot 10 = 680$

e) $5 \cdot 97 \cdot 2 =$
$10 \cdot 97 = 970$

f) $20 \cdot 7 \cdot 5 =$
$7 \cdot 100 = 700$

g) $2 \cdot 50 \cdot 9 =$
$100 \cdot 9 = 900$

h) $50 \cdot 7 \cdot 2 =$
$100 \cdot 7 = 700$

i) $3 \cdot 5 \cdot 20 =$
$3 \cdot 100 = 300$

Lösen von Sachaufgaben

So kannst du Sachaufgaben lösen:

① Lies den Text genau. Bilder und Grafiken geben dir zusätzliche Informationen.
② Notiere die wichtigen Informationen. Notiere, wonach gefragt ist.
③ Notiere die Rechnung und führe sie durch.
④ Notiere eine Antwort. Überprüfe dein Ergebnis.

1. Die 20 Schülerinnen und Schüler der Klasse 5a planen eine Klassenfahrt in den Harz. Sie buchen 6 Übernachtungen mit Verpflegung. Nun sollen die Kosten für jede Person und die Gesamtkosten berechnet werden. Die Klasse entscheidet sich für diese Angebote zu Unterkunft und Fahrt:

Wanderheim – erst vor 4 Jahren erbaut.
Der 1141 m hohe Brocken ist von hier aus gut zu erreichen.
Kosten pro Person für einen Tag
Übernachtung: 18 €
Verpflegung: 12 €

Busreise Blitz – Ihr Partner seit ~~25~~ Jahren
Mit unserem modernen Bus dauert die Fahrt nur 2 Stunden und ist ein Vergnügen.
Hin- und Rückfahrt pro Person: 40 €

a) Vier Zahlen in den Angeboten sind für die Berechnung der Kosten unwichtig. Streiche sie durch.

b) Wie viel Euro kosten 6 Übernachtungen mit Verpflegung im Wanderheim pro Person?

Nötige Angaben:
Übernachtungen: 6
Kosten im Wanderheim für eine Übernachtung mit Verpflegung pro Person:
18 € + 12 € = 30 €

R: 6 · 30 = 180
A: 6 Übernachtungen mit Verpflegung kosten pro Person 180 €.

c) Wie viel Euro kostet die Klassenfahrt pro Person?

Nötige Angaben:
Kosten im Wanderheim pro Person: 180 €
Kosten für den Bus pro Person: 40 €

R: 180 + 40 = 220
A: Die Klassenfahrt kostet pro Person 220 €.

d) Wie viel Euro kostet die Klassenfahrt für die ganze Klasse?

Nötige Angaben:
Anzahl der Personen: 20
Kosten der Klassenfahrt für jede Person: 220 €

R: 20 · 220 = 4400
A: Die Klassenfahrt kostet insgesamt 4400 €.

Löwen sind die größten Raubtiere Afrikas.

Männliche Löwen können bis zu 2,50 m lang und 250 kg schwer sein. Die Weibchen wiegen fast 100 kg weniger und werden ungefähr 1,80 m lang.

Löwen schlafen bis zu 20 Stunden am Tag. Sie können 8 m weit springen, um Beute zu erlegen.

In der Wildnis werden Löwen ungefähr 15 Jahre alt. Im Zoo können sie doppelt so alt werden und wiegen bis zu 50 kg mehr. Ein männlicher Löwe im Zoo frisst jeden Tag etwa 6 kg Fleisch, ein Weibchen frisst 2 kg weniger.

2. Welche Fragen kannst du mit den Informationen aus dem Text beantworten? Kreuze an.

☒ Wie lange schläft ein Löwe am Tag?
◯ Wie viel Liter trinkt ein Löwe täglich?
☒ Wie alt werden Löwen im Zoo?
◯ Wie viele Junge bekommt ein Löwenweibchen im Jahr?
☒ Wie viel Kilogramm Fleisch frisst ein Löwenmännchen täglich?

3. Ergänze die fehlenden Werte.
a) Bei der Jagd springt ein Löwe bis zu __8 m__ weit.
b) Das Löwenmännchen ist bis zu __100 kg__ schwerer als das Weibchen.
c) Ein Löwenweibchen im Zoo frisst täglich ungefähr __4 kg__ Fleisch.

4. Im Raubtiergehege des Zoos leben 2 Löwenmännchen und 2 Löwenweibchen.
F: Wie viel Kilogramm Fleisch werden täglich verfüttert?
A: Täglich werden 20 kg Fleisch verfüttert.

2	·	6	+	2	·	4	=		
		1	2	+		8	=	2	0

5. Zu einem anderen Löwenrudel im Zoo gehören 5 Männchen und 5 Weibchen.
Einmal in der Woche wird Fleisch zum Füttern geliefert.
1 kg Fleisch kostet 2 €.
F: Wie viel Euro kostet das Fleisch für eine Woche?
A: Das Fleisch für eine Woche kostet 700 €.

5	·	6	+	5	·	4	=		
		3	0	+	2	0	=	5	0
	7	·	5	0	·	2	=	7	0	0

Überschlagen und halbschriftliches Multiplizieren

Mit dem **Überschlag** erhältst du ein ungefähres Ergebnis.

58 · 3
Ü: 60 · 3 = 180

Das genaue Ergebnis kannst du durch **halbschriftliches Multiplizieren** berechnen.

58 · 3 = 174
50 · 3 = 150
8 · 3 = 24

1.
a) 31 · 4
Ü: 30 · 4 = 120

31	·	4	=	124
30	·	4	=	120
1	·	4	=	4

b) 46 · 5
Ü: 50 · 5 = 250

46	·	5	=	230
40	·	5	=	200
6	·	5	=	30

c) 52 · 6
Ü: 50 · 6 = 300

52	·	6	=	312
50	·	6	=	300
2	·	6	=	12

d) 67 · 3
Ü: 70 · 3 = 210

67	·	3	=	201
60	·	3	=	180
7	·	3	=	21

2. Einige Ergebnisse sind falsch. Du findest sie mit einem Überschlag. Kreuze die falschen Ergebnisse an.

a) 27 · 8 = 356 ☒   b) 42 · 5 = 210 ◯   c) 58 · 3 = 234 ☒   d) 31 · 9 = 209 ☒
66 · 2 = 132 ◯   77 · 4 = 408 ☒   93 · 5 = 465 ◯   89 · 3 = 267 ◯

3. Was gehört zusammen? Färbe jeweils mit der gleichen Farbe.

Aufgabe	Überschlag	Überschlagsergebnis	genaues Ergebnis
36 · 2	40 · 3	80	170
97 · 5	40 · 2	180	485
85 · 2	100 · 5	240	126
78 · 3	90 · 2	120	72
42 · 3	80 · 3	500	234

4. Rechne die Aufgaben, deren Ergebnis kleiner als 300 ist. Ein Überschlag hilft dir.

Zahlen im Sack: 82, 39, 28, 91, 57, 65, 88

2 8	·	4	=	1 1 2		5 7	·	4	=	2 2 8
2 0	·	4	=	8 0		5 0	·	4	=	2 0 0
8	·	4	=	3 2		7	·	4	=	2 8
3 9	·	4	=	1 5 6		6 5	·	4	=	2 6 0
3 0	·	4	=	1 2 0		6 0	·	4	=	2 4 0
9	·	4	=	3 6		5	·	4	=	2 0

Weitere Aufgaben sind möglich.

Wiederholungsaufgaben

Die Lösungen ergeben die Namen von Sportarten.

1. a) 62 + 6 = 68   b) 34 + 20 = 54   c) 43 + 31 = 74
75 + 4 = 79   42 + 40 = 82   35 + 42 = 77

2. a) 57 − 3 = 54   b) 87 − 30 = 57   d) 85 − 11 = 74
79 − 4 = 75   44 − 20 = 24   38 − 15 = 23

1. b)	1. c)	2. a)	2. b)	2. c)
S	K	U	N	S	T	L	A	U	F

3. a) Runde auf Zehner.   788 ≈ 790   704 ≈ 700   798 ≈ 800   148 ≈ 150
b) Runde auf Hunderter.   178 ≈ 200   581 ≈ 600   542 ≈ 500   988 ≈ 1000

3. a)	3. b)
B	I	A	T	H	L	O	N

4. Wie heißt die Zahl in der Mitte?
a) 100   b) 800   c) 950

5. Welche Geraden sind parallel?
a ∥ b (23)
☒ a ∥ c (24)
◯ b ∥ c (25)

6. Kann man aus dem Netz einen Würfel falten?
a) ☒ ja (75) ◯ nein (78)
b) ◯ ja (1000) ☒ nein (200)

7. Wie heißen die Zahlen?
a) 6T + 4H + 1Z + 5E = 6415   b) 3T + 8Z + 2E = 3082
c) 4ZT + 2T + 3Z = 42030   d) 5T + 6H + 9E = 5609
e) 2ZT + 4H + 7Z = 20470   f) 9ZT + 9T + 9E = 99009

4. a)	4. b)	4. c)	5.	6. a)	6. b)	7. a)	7. b)	7. c)	7. d)	7. e)	7. f)
M	A	R	A	T	H	O	N	L	A	U	F

| F | 23 | A | 24 | S | 54 | L | 57 | E | 68 | U | 74 | T | 75 | N | 77 | I | 79 | K | 82 | M | 100 | T | 150 | H | 200 | O | 500 | L | 600 | I | 700 | B | 790 | A | 800 | R | 950 | N | 1000 | N | 3082 | A | 5609 | O | 6415 | U | 20470 | L | 42030 | F | 99009 |

Schriftliches Multiplizieren

Schriftliches Multiplizieren mit einstelligen Zahlen

2	1	3	·	4
		2		

4 · 3 = 12
Schreibe 2
Merke 1

2	1	3	·	4
	5	2		

4 · 1 = 4
4 + 1 = 5
Schreibe 5

2	1	3	·	4
8	5	2		

4 · 2 = 8
Schreibe 8

1. Überschlage zuerst. Berechne danach das genaue Ergebnis.

a) Ü: 400 · 2 = 800
```
  4 2 6 · 2
  8 5 2
```

b) Ü: 200 · 3 = 600
```
  2 1 7 · 3
    6 5 1
```

c) Ü: 200 · 4 = 800
```
  2 1 8 · 4
    8 7 2
```

d) Ü: 100 · 5 = 500
```
  1 0 7 · 5
    5 3 5
```

e) Ü: 500 · 3 = 1500
```
  5 2 4 · 3
  1 5 7 2
```

f) Ü: 200 · 6 = 1200
```
  2 4 6 · 6
  1 4 7 6
```

2. Das Wanderheim kauft 4 neue Fußballtore. Ein Tor kostet 169 €. Berechne den Gesamtpreis.
```
  1 6 9 · 4
    6 7 6
```
Gesamtpreis: **676** €

3. Berechne den Gesamtpreis.

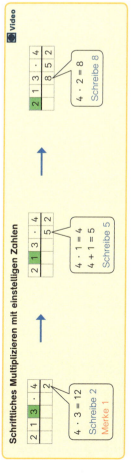

a) 3 Tischtennisplatten — 245 €
```
  2 4 5 · 3
    7 3 5
```
Gesamtpreis: **735** €

b) 4 Bänke — 164 €
```
  1 6 4 · 4
    6 5 6
```
Gesamtpreis: **656** €

c) 2 Klettergerüste — 389 €
```
  3 8 9 · 2
    7 7 8
```
Gesamtpreis: **778** €

---

4. Im Kopf oder schriftlich? Notiere die Ergebnisse.

a) 301 · 3 = **903**   b) 13 · 3 = **39**   c) 230 · 3 = **690**   d) 623 · 2 = **1246**
22 · 4 = **88**   473 · 2 = **946**   521 · 4 = **2084**   468 · 3 = **1404**

5. Drei Lösungen sind falsch. Berichtige.

a)
```
  2 4 2 · 3
    6 2 6
```
```
  2 4 2 · 3
    7 2 6
```

b)
```
  1 0 4 · 5
    5 2 0
```

c)
```
  3 2 0 · 4
    1 2 8 4
```
```
  3 2 0 · 4
  1 2 8 0
```

d)
```
  2 8 6 · 6
    1 2 8 6
```
```
  2 8 6 · 6
  1 7 1 6
```

6. Berechne die Einnahmen.

a) Cinema-Palast, Eintritt 6 €, 134 Besucher
```
  1 3 4 · 6
    8 0 4
```
Einnahmen: **804** €

b) Möbel-Schulz, 4 Stühle, 162 €
```
  1 6 2 · 4
    6 4 8
```
Einnahmen: **648** €

c) Leas Musikladen — Heute habe ich 138 CDs verkauft. Jede CD 7 €.
```
  1 3 8 · 7
    9 6 6
```
Einnahmen: **966** €

7. Überschlage zuerst, dann rechne genau.

Aufgabe	Überschlag mit Ergebnis	genaues Ergebnis
a) 417 · 2	400 · 2 = 800	834
b) 209 · 4	200 · 4 = 800	836
c) 317 · 3	300 · 3 = 900	951
d) 97 · 6	100 · 6 = 600	582
e) 392 · 2	400 · 2 = 800	784
f) 713 · 7	700 · 7 = 4900	4991

```
  4 1 7 · 2
    8 3 4
```
```
  2 0 9 · 4
    8 3 6
```
```
  3 1 7 · 3
    9 5 1
```
```
    9 7 · 6
    5 8 2
```
```
  3 9 2 · 2
    7 8 4
```
```
  7 1 3 · 7
  4 9 9 1
```

Schriftliches Dividieren

Schriftliches Dividieren

```
5 2 8 : 3 = 1
-3
 2
```
5 : 3 = 1 Rest 2
1 · 3 = 3

```
5 2 8 : 3 = 1 7
-3
 2 2
-2 1
   1
```
7 · 3 = 21

```
5 2 8 : 3 = 1 7 6
-3
 2 2
-2 1
   1 8
  -1 8
     0
```
6 · 3 = 18

1. Dividiere schriftlich.

a) 75 : 3 = 25

b) 96 : 4 = 24

c) 84 : 7 = 12

d) 946 : 2 = 473

e) 745 : 5 = 149

f) 572 : 4 = 143

2.

a) 8631 : 3 = 2877

b) 4735 : 5 = 947

c) 672 : 4 = 168

3. Wie viel Euro kostet ein Reifen?

Für 4 Reifen bezahle ich 672 €.

A: Ein Reifen kostet 168 €.

Schriftliches Multiplizieren mit zweistelligen Zahlen

```
3 1 2 · 2 3
    6 2 4 0     Mit den Zehnern multiplizieren
      9 3 6     Mit den Einern multiplizieren
    7 1 7 6     Addieren
```

8. Überschlage zuerst. Berechne danach das genaue Ergebnis.

a) Ü: 300 · 20 = 6000

312 · 21
 6240
  312
 6552

b) Ü: 400 · 50 = 20000

391 · 49
15640
 3519
19159

c) Ü: 400 · 20 = 8000

375 · 24
 7500
 1500
 9000

d) Ü: 500 · 20 = 10000

506 · 18
 5060
 4048
 9108

9. Die Jugendherberge kauft 12 Fahrräder für die Ausleihe. Wie viel Euro kosten die Fahrräder insgesamt?

345 €

345 · 12
 3450
  690
 4140

A: Die Fahrräder kosten insgesamt 4140 €.

10. Im Kopf oder schriftlich? Notiere die Ergebnisse.

a) 301 · 30 = 9030

128 · 41 = 5248

b) 734 · 15 = 11010

100 · 23 = 2300

c) 21 · 40 = 840

163 · 17 = 2771

d) 648 · 45 = 29160

111 · 50 = 5550

Division mit Rest

Division mit Rest

Wenn die Division nicht aufgeht, musst du den Rest notieren.

```
1 0 0 0 : 7 = 1 4 2 R 6
-7
 3 0
-2 8
   2 0
  -1 4
     6
```

1. Bei diesen Aufgaben bleibt ein Rest.

a) 918 : 5 = 183 R 3
b) 746 : 7 = 106 R 4
c) 475 : 8 = 621 R 7 (*zeigt: 495 : 8*)
d) 3244 : 9 = 360 R 4

2. In der Gärtnerei werden Blumen zu Sträußen gebunden. Wie viele Sträuße werden gebunden? Wie viele Blumen bleiben übrig?

a) 1550 Margeriten, 9 Blumen je Strauß
1550 : 9 = 172 R 2
172 Sträuße werden gebunden.
2 Blumen bleiben übrig.

b) 1450 Rosen, 6 Blumen je Strauß
1450 : 6 = 241 R 4
241 Sträuße werden gebunden.
4 Blumen bleiben übrig.

---

4. Bei jeder Aufgabe ist nur ein Überschlag aus dem grünen Feld sinnvoll. Überschlage damit. Berechne auch das genaue Ergebnis.

a) 1602 : 3 | 1600 : 3 | 1500 : 3
Ü: 1500 : 3 = 500
1602 : 3 = 534

b) 1704 : 6 | 1800 : 6 | 1700 : 6
Ü: 1800 : 6 = 300
1704 : 6 = 284

c) 5496 : 8 | 5500 : 8 | 5600 : 8
Ü: 5600 : 8 = 700
5496 : 8 = 687

5. Vorsicht bei Nullen.

a) 960 : 8 = 120
b) 780 : 6 = 130
c) 805 : 7 = 115

6.

a) 2103 : 3 = 701
b) 3000 : 4 = 750

7. Der Supermarkt nimmt an einem Tag 1 254 leere Flaschen zurück. Immer 6 Flaschen kommen in einen Kasten. Wie viele Kästen werden voll?

1254 : 6 = 209

A: Es werden 209 Kästen voll.

TRAINER — Multiplizieren und Dividieren

S. 125–127

Seite 70

1.
a) 4 · 8 = __32__
b) 5 · 9 = __45__
c) 28 : 7 = __4__
d) 45 : 5 = __9__
e) 72 : 9 = __8__

6 · 6 = __36__
3 · 7 = __21__
15 : 5 = __3__
64 : 8 = __8__
42 : 6 = __7__

7 · 9 = __63__
4 · 4 = __16__
36 : 9 = __4__
54 : 6 = __9__
49 : 7 = __7__

3 · 5 = __15__
8 · 3 = __24__
32 : 4 = __8__
56 : 7 = __8__
27 : 9 = __3__

2.
a) 40 · 3 = __120__
b) 7 · 300 = __2100__
c) 360 : 6 = __60__
d) 720 : 8 = __90__

500 · 5 = __2500__
4 · 60 = __240__
450 : 9 = __50__
630 : 7 = __90__

70 · 6 = __420__
8 · 400 = __3200__
280 : 4 = __70__
300 : 5 = __60__

3.
a)

·	10	100
5	50	500
27	270	2700
40	400	4000
68	680	6800

b)

:	100	10
800	8	80
4100	41	410
200	2	20
3500	35	350

4. Beachte die Rechenregeln.

a) 12 + 3 · 2 = __18__
(12 + 3) · 2 = __30__
12 · 3 + 2 = __38__

b) (16 − 2) · 2 = __28__
16 − 2 · 2 = __12__
16 − 2 + 2 = __16__

c) 20 : 2 + 3 = __13__
20 : (2 + 3) = __4__
20 − 2 · 3 = __14__

5. Die Lehrerin mietet für die Klasse 5a 3er-Canadier. Es sind 8 Boote. Es bleibt kein Platz frei. Wie viele Schülerinnen und Schüler sind in der Klasse?

R: __8 · 3 = 24__
A: __In der Klasse sind 24 Kinder.__

6. In der Klasse 5b sind 24 Schülerinnen und Schüler. Sie mieten 4er-Canadier. Wie viele Boote werden benötigt?

R: __24 : 4 = 6__
A: __Es werden 6 Boote benötigt.__

Seite 71

7.

a)
```
  3 6 7 · 3
  1 1 0 1
```

b)
```
  5 0 8 · 7
  3 5 5 6
```

c)
```
  7 3 1 · 5
  3 6 5 5
```

d)
```
  4 2 9 · 6
  2 5 7 4
```

e)
```
  5 4 2 · 3 0
  1 6 2 6 0
      0 0 0
  1 6 2 6 0
```

f)
```
  6 8 4 · 1 2
    1 3 6 8
    6 8 4 0
    8 2 0 8
```

g)
```
  3 0 4 · 2 5
    1 5 2 0
    6 0 8 0
    7 6 0 0
```

h)
```
  4 5 3 · 1 9
    4 0 7 7
    4 5 3 0
    8 6 0 7
```

8. Bei jeder Aufgabe ist nur ein Überschlag aus dem grünen Feld sinnvoll. Überschlage damit. Berechne auch das genaue Ergebnis.

a) 2103 : 3 | 2100 : 3 | 2000 : 3

Ü: __2100 : 3 = 700__
```
  2 1 0 3 : 3 = 7 0 1
- 2 1
  - - 0
  - - 0 3
    - 0 3
        0
```

b) 1920 : 5 | 1900 : 5 | 2000 : 5

Ü: __2000 : 5 = 400__
```
  1 9 2 0 : 5 = 3 8 4
- 1 5
    4 2
  - 4 0
      2 0
    - 2 0
        0
```

c) 5509 : 7 | 5500 : 7 | 5600 : 7

Ü: __5600 : 7 = 800__
```
  5 5 0 9 : 7 = 7 8 7
- 4 9
    6 0
  - 5 6
      4 9
    - 4 9
        0
```

9. Im Kopf oder schriftlich? Notiere die Ergebnisse.

a) 421 · 4 = __1681__
801 · 5 = __4005__
237 · 7 = __1659__

b) 111 · 8 = __888__
452 · 3 = __1356__
701 · 9 = __6309__

c) 320 · 2 = __640__
603 · 8 = __4824__
410 · 5 = __2050__

d) 500 · 20 = __10000__
101 · 10 = __1010__
479 · 30 = __14370__

10. Manchmal bleibt beim Dividieren ein Rest.

a)
```
  7 3 9 : 5 = 1 4 7 R 4
- 5
  2 3
- 2 0
    3 9
  - 3 5
      4
```

b)
```
  7 2 2 4 : 8 = 9 0 3
- 7 2
    0 2
  -   0
      2 4
    - 2 4
        0
```

5 | Größen

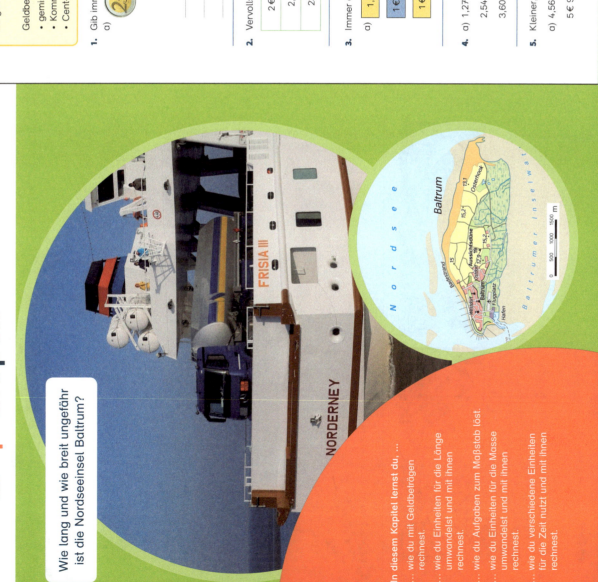

Wie lang und wie breit ungefähr ist die Nordseeinsel Baltrum?

In diesem Kapitel lernst du, ...
... wie du mit Geldbeträgen rechnest.
... wie du die Einheiten für die Länge umwandelst und mit ihnen rechnest.
... wie du die Aufgaben zum Maßstab löst.
... wie du die Einheiten für die Masse umwandelst und mit ihnen rechnest.
... wie du verschiedene Einheiten für die Zeit nutzt und mit ihnen rechnest.

Geld

In vielen Ländern Europas gibt es für Geldbeträge die Einheiten **Euro und Cent**.

Es gilt: **1 Euro = 100 Cent**
1 € = 100 ct

Geldbeträge können unterschiedlich angegeben werden:
- gemischte Schreibweise: 4 € 75 ct
- Kommaschreibweise: 4,75 €
- Cent-Schreibweise: 475 ct

Das Komma trennt Euro und Cent.

2 € 37 ct = 2,37 €
8 ct = 0,08 €
45 ct = 0,45 €
312 ct = 3,12 €

€	ct
2	3 7
0	0 8
0	4 5
3	1 2

1. Gib immer drei Schreibweisen an.

a)

b)	c)	d)
3 € 20 ct	4 € 52 ct	
3,20 €	4,52 €	
320 ct	452 ct	

		1 € 1 ct	1 € 20 ct
		1,01 €	1,20 €
		101 ct	120 ct

2. Vervollständige die Tabelle.

2 € 34 ct	3 € 28 ct	1 € 57 ct	4 € 80 ct	6 € 5 ct	0 € 85 ct
2,34 €	3,28 €	1,57 €	4,80 €	6,05 €	0,85 €
234 ct	328 ct	157 ct	480 ct	605 ct	85 ct

3. Immer drei Geldbeträge sind gleich. Färbe sie mit der gleichen Farbe.

a) 1,03 € | 133 ct | 1,30 €
1 € 33 ct | 130 ct | 103 ct
1 € 3 ct | 1,33 € | 1 € 30 ct

b) 322 ct | 320ct | 3,02 €
3 € 2 ct | 3 € 20 ct | 3,20 €
3,22 € | 302 ct | 3 € 22 ct

4. a) 1,27 € = ___127___ ct
2,54 € = ___254___ ct
3,60 € = ___360___ ct

b) 1,08 € = ___108___ ct
2,40 € = ___240___ ct
0,37 € = ___37___ ct

c) 326 ct = ___3,26___ €
208 ct = ___2,08___ €
74 ct = ___0,74___ €

5. Kleiner, größer oder gleich? Setze ein: <, > oder =

a) 4,56 € ___<___ 4 € 60 ct
5 € 9 ct ___<___ 5,15 €

b) 7,75 € ___=___ 775 ct
4 € 8 ct ___<___ 4,80 €

c) 254 ct ___>___ 2 € 45 ct
304 ct ___=___ 3 € 4 ct

Längen

Längen werden in den Maßeinheiten **Kilometer (km)**, **Meter (m)**, **Dezimeter (dm)**, **Zentimeter (cm)** und **Millimeter (mm)** angegeben.

Es gilt: 1 km = 1000 m
1 m = 10 dm = 100 cm = 1000 mm
1 dm = 10 cm = 100 mm
1 cm = 10 mm

1. Ordne zu.

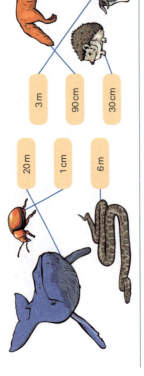

20 m — 3 m — 90 cm — 30 cm — 1 cm — 6 m

2.
a) 1 m 11 cm = 111 cm
1 m 15 cm = 115 cm
5 m 98 cm = 598 cm
2 m 75 cm = 275 cm

b) 1 m 5 cm = 105 cm
2 m 30 cm = 230 cm
1 m 9 cm = 109 cm
1 m 10 cm = 110 cm

c) 175 cm = 1 m 75 cm
108 cm = 1 m 8 cm
209 cm = 2 m 9 cm
75 cm = 0 m 75 cm

3.
a) 1 km 270 m = 1270 m
3 km 405 m = 3405 m
5 km 685 m = 5685 m
2 km 350 m = 2350 m

b) 2 km 300 m = 2300 m
1 km 85 m = 1085 m
1 km 5 m = 1005 m
3 km 40 m = 3040 m

c) 5150 m = 5 km 150 m
4809 m = 4 km 809 m
1075 m = 1 km 75 m
750 m = 0 km 750 m

4. Ergänze.

a) | 1 m | 50 cm |
|---|---|
| 50 cm | 20 cm |
| 30 cm | 70 cm |
| 90 cm | 10 cm |
| 60 cm | 40 cm |

b) | 1 m | 25 cm |
|---|---|
| 75 cm | 1 cm |
| 1 cm | 10 cm |
| 10 cm | 90 cm |
| 55 cm | 45 cm |
| 85 cm | 15 cm |

c) | 1 km | 600 m |
|---|---|
| 400 m | 150 m |
| 850 m | 930 m |
| 70 m | 985 m |
| 15 m | 660 m |
| 340 m | |

---

6. Tim und Sidra kaufen das gleiche Fischbrötchen. Das Rückgeld berechnen sie unterschiedlich. Vervollständige die Rechnungen.

5,30 € + __4,70 €__ = 10 €
Ich bekomme __4,70 €__ zurück.

10 € − 5,30 € = __4,70 €__
Ich bekomme __4,70 €__ zurück.

7. Wie viel Euro gibt es zurück? Notiere die Rechnung mit Ergebnis.

a) 5,20 €

10 € − 5,20 € = 4,80 €

b) 3,40 €

5 € − 3,40 € = 1,60 €

c) 13,70 €

20 € − 13,70 € = 6,30 €

8.
a) 5 € + 2,70 € = 7,70 €
6 € + 4,10 € = 10,10 €
3 € + 9,40 € = 12,40 €

b) 1,50 € + 0,40 € = 1,90 €
2,40 € + 1,30 € = 3,70 €
3,65 € + 2,10 € = 5,75 €

c) 4,90 € + 0,50 € = 5,40 €
2,80 € + 1,20 € = 4,00 €
1,40 € + 1,90 € = 3,30 €

9.
a) 8 € − 1,70 € = 6,30 €
9 € − 7,20 € = 1,80 €
7 € − 5,80 € = 1,20 €

b) 1,80 € − 0,20 € = 1,60 €
2,70 € − 1,50 € = 1,20 €
3,95 € − 2,70 € = 1,25 €

c) 4,50 € − 0,60 € = 3,90 €
6,60 € − 1,60 € = 5,00 €
5,10 € − 4,80 € = 0,30 €

10. Wie viel Euro fehlen noch? Notiere die Rechnung mit Ergebnis.

a) Das Strandtennis-Set kostet 89 €.

89 € − 67 € = 22 €

b) Das Surfbrett kostet 369 €.

369 € − 225 € = 144 €

c) Der Lenkdrachen kostet 125 €.

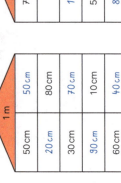

125 € − 52 € = 73 €

Kommaschreibweise bei Längen

Das Komma trennt Meter (m) und Zentimeter (cm).

1 m 15 cm = 1,15 m   104 cm = 1,04 m
3 cm = 0,03 m   71 cm = 0,71 m

	m	cm	
	1	0	4
		7	1

Das Komma trennt Zentimeter (cm) und Millimeter (mm).

1 cm 3 mm = 1,3 cm   12 mm = 1,2 cm
2 mm = 0,2 cm   105 mm = 10,5 cm

	cm	mm
	1	2
1	0	5

1. Vervollständige die Tabelle.

1 m 25 cm	1 m 14 cm	1 m 71 cm	3 m 57 cm	3 m 1 cm	0 m 70 cm
1,25 m	1,14 m	1,71 m	3,57 m	3,01 m	0,70 m
125 cm	114 cm	171 cm	357 cm	301 cm	70 cm

2. Kleiner, größer oder gleich? Setze ein: <, > oder =

a) 134 cm < 3 m   b) 1,72 m > 150 cm   c) 230 cm < 3,05 m
410 cm > 4 m   2,16 m = 216 cm   2,11 m > 208 cm
200 cm = 2 m   1,15 m < 151 cm   375 cm < 4,02 m
50 cm < 5 m   0,52 m > 20 cm   1,35 m = 135 cm

3. Ordne nach der Größe. Beginne mit der kleinsten Länge.

a) 2,51 m   224 cm   2 m 15 cm   b) 182 cm   1,79 m   1 m 81 cm
2 m 15 cm < 224 cm < 2,51 m   1,79 m < 1 m 81 cm < 182 cm

c) 3,08 m   321 cm   4 m   d) 202 cm   2,09 m   2 m 1 cm
3,08 m < 321 cm < 4 m   2 m 1 cm < 202 cm < 2,09 m

4. a) 5 cm = 50 mm   b) 34 mm = 3,4 cm   c) 104 mm = 10,4 cm
5,8 cm = 58 mm   25 mm = 2,5 cm   170 mm = 17,0 cm
9,2 cm = 92 mm   67 mm = 6,7 cm   7 mm = 0,7 cm
0,7 cm = 7 mm   99 mm = 9,9 cm   139 mm = 13,9 cm

5. Immer drei Längenangaben sind gleich. Färbe sie in der gleichen Farbe.

5 cm 3 mm	9 cm 2 mm	10 cm 3 mm	2 cm 9 mm	3 cm 5 mm
103 mm	53 mm	92 mm	35 mm	29 mm
2,9 cm	10,3 cm	3,5 cm	5,3 cm	9,2 cm

Das Komma trennt Kilometer (km) und Meter (m).

1 km 275 m = 1,275 km   2 405 m = 2,405 km
65 m = 0,065 km   1 005 m = 1,005 km

	km	m		
	1	2	7	5
		0	6	5
	2	4	0	5
	1	0	0	5

6. Vervollständige die Tabelle.

1 km 600 m	2 km 500 m	3 km 750 m	4 km 810 m	0 km 890 m	6 km 85 m
1,6 km	2,5 km	3,750 km	4,810 km	0,890 km	6,085 km
1600 m	2500 m	3750 m	4810 m	890 m	6085 m

7. Immer drei Längen sind gleich. Färbe in der gleichen Farbe.

4 km 308 m	4 km 800 m	4 km 300 m	4 km 810 m	4 km 80 m
4,3 km	4,008 km	4,8 km	4,308 km	4,080 km
4800 m	4308 m	4300 m	4008 m	4080 m

8. Welche Einheit passt? Trage ein: km oder m

A    B    C    D

Länge: 42 km   Höhe: 30 m   Entfernung: 8 km   Länge: 5 m

9. Lea steht am Wegweiser. Ergänze.

a) Bis zum Strand sind es 2 600 m.
b) Bis zum Leuchtturm sind es 3 100 m.
c) Vom Strand bis zum Leuchtturm sind es 5 700 m. Das sind 5,7 km.

10. Kleiner, größer oder gleich? Setze ein: <, > oder =

a) 2,5 km > 2050 m   b) 1800 m = 1,8 km   c) 2650 m > 2,506 km
1,7 km = 1700 m   3400 m < 4,3 km   850 m = 0,850 km
0,9 km > 90 m   1750 m > 1,7 km   2250 m < 2,520 km

Beim Rechnen mit Längen gehst du so vor:

① Wandle um in eine kleinere Einheit ohne Komma.
② Rechne ohne Komma.
③ Wandle dein Ergebnis wieder um in die größere Einheit.

1,45 m + 20 cm =   1,5 km · 5 =
145 cm + 20 cm =   1 500 m · 5 =
165 cm = 1,65 m   7 500 m = 7,5 km

11. Wie groß sind die Schülerinnen?

Herr Güler: Ich bin 1,85 m groß.
Anna: Ich bin 35 cm kleiner als Herr Güler. — 1,50 m
Hatice: Ich bin 3 cm größer als Anna. — 1,53 m
Julia: Ich bin 2 cm kleiner als Hatice. — 1,51 m

12.
a) 5,10 m + 42 cm =
   510 cm + 42 cm =
   552 cm = 5,52 m

b) 1,75 m + 50 cm =
   175 cm + 50 cm =
   225 cm = 2,25 m

c) 1,250 km + 300 m =
   1 250 m + 300 m =
   1 550 m = 1,550 km

d) 2,35 m − 15 cm =
   235 cm − 15 cm =
   220 cm = 2,20 m

e) 1,25 m − 30 cm =
   125 cm − 30 cm =
   95 cm = 0,95 m

f) 2,750 km − 400 m =
   2 750 m − 400 m =
   2 350 m = 2,350 km

13.
a) 1,2 cm + 5 mm =
   12 mm + 5 mm =
   17 mm = 1,7 cm

b) 2,8 cm − 6 mm =
   28 mm − 6 mm =
   22 mm = 2,2 cm

c) 1,5 cm − 8 mm =
   15 mm − 8 mm =
   7 mm = 0,7 cm

14. Wie viel Meter weit können die Tiere springen?

a) Wallaby — Körperlänge: 0,08 m, Springt 8-mal so weit.
0,08 m · 8 =
8 cm · 8 =
64 cm = 0,64 m

b) Eichhörnchen — Körperlänge: 0,2 m, Springt 4-mal so weit.
0,2 m · 4 =
20 cm · 4 =
80 cm = 0,80 m

c) Fuchs — Körperlänge: 1,2 m, Springt 2-mal so weit.
1,2 m · 2 =
120 cm · 2 =
240 cm = 2,40 m

---

15. Immer zwei Längen ergeben zusammen 1 m. Färbe sie in der gleichen Farbe.

25 cm | 0,3 m | 37 cm | 0,49 m
75 cm | 70 cm | 0,51 m | 0,63 m

16. Gib die Länge des Schulwegs in Kilometer an.

a) Akim: Ich gehe genau 500 m weit zur Schule. — Akim: 0,5 km
b) Sina: Ich gehe 1 km weiter als Akim. — Sina: 1,5 km
c) Janis: Ich gehe dreimal so weit wie Akim. — Janis: 1,5 km
d) Jan: Ich gehe 350 m weiter als Akim. — Jan: 0,850 km

17. a)

2 m			4 km			5 km	
140 cm	60 cm		3500 m	500 m		4850 m	150 m
70 cm	130 cm		2900 m	1100 m		950 m	4050 m
110 cm	90 cm		2200 m	1800 m		2950 m	2050 m
25 cm	175 cm		500 m	3500 m		3240 m	1760 m

```
    2 8 5 cm
    6 0   cm
+       1
    3 4 5 cm
```

18. Leonard springt 2,85 m weit. Tarek springt 60 cm weiter.
F: Wie viel Meter weit springt Tarek?
A: Tarek springt 3,45 m weit.

19. Welche Aussagen stimmen? Kreuze an.

Lily 144 cm | Conny 1 m 46 cm | Murat 1,50 m | Hao 145 cm | Sven 1,51 m

✗ Lily ist 3 cm kleiner als Sven.
✗ Conni ist größer als Hao.
✗ Murat ist 4 cm größer als Conni.
✗ Hao ist kleiner als Murat.
○ Hao ist 1 cm kleiner als Lily.
○ Sven ist 1 cm kleiner als Murat.

Maßstab

2fache Verkleinerung
Maßstab 1:2

Wirkliche Größe
Maßstab 1:1

2fache Vergrößerung
Maßstab 2:1

Der **Maßstab** gibt an, wie verkleinert oder vergrößert wird.

1:10	gesprochen **1 zu 10**
	1 cm in der Abbildung entspricht
	10 cm in Wirklichkeit (**Verkleinerung**).

10:1	gesprochen **10 zu 1**
	10 cm in der Abbildung entsprechen
	1 cm in Wirklichkeit (**Vergrößerung**).

▶ Video

1. Ordne zu.

2fache Vergrößerung — wirkliche Größe — 2fache Verkleinerung

Maßstab 2:1 — Maßstab 1:2 — Maßstab 1:1

2. Der Maßstab ist angegeben. Bestimme die fehlenden Werte.

a) Maßstab 1:5
Ich rechne mal 5.

1:5	
Abbildung	Wirklichkeit
1 cm	5 cm
2 cm	10 cm
3 cm	15 cm
4 cm	20 cm

b) Maßstab 5:1
Ich teile durch 5.

5:1	
Abbildung	Wirklichkeit
5 cm	1 cm
10 cm	2 cm
15 cm	3 cm
20 cm	4 cm

c) Maßstab 1:6
Ich rechne mal 6

1:6	
Abbildung	Wirklichkeit
1 cm	6 cm
2 cm	12 cm
3 cm	18 cm
4 cm	24 cm

Maßstab 1 : 100 000

3. Vervollständige die Aussage zum Maßstab der Karte.

1 cm auf der Karte entspricht 100 000 cm = 1 000 m = 1 km in Wirklichkeit.

4. Miss die Strecken auf der Karte. Dann bestimme die Entfernungen in Wirklichkeit.

		Karte	Wirklichkeit
a)	Leuchtturm – Deich	6 cm	6 km
b)	Deich – Schafweide	3 cm	3 km
c)	Gasthof – See	5,5 cm	5,5 km

5. Ayla und Lewin planen eine Radtour.

a) Miss die Länge jeder Teilstrecke auf der Karte. Trage die Länge in Wirklichkeit ein.

Gasthof – Campingplatz – See – Schafweide – Gasthof

 8 km   3,5 km   5 km   5 km

b) Bestimme die Gesamtlänge der Radtour. Trage ein. Gesamtlänge: 21,5 km

6. a) Max plant einen Weg von der Grillhütte zum See und weiter zur Schafweide. Bestimme die Gesamtlänge des Weges.

Grillhütte – Campingplatz – See – Schafweide

 4,5 km   3,5 km   5 km

Gesamtlänge: 13 km

b) Gib einen anderen Weg von der Grillhütte zum See und weiter zur Schafweide an. Bestimme die Gesamtlänge dieses Weges.

Grillhütte – Leuchtturm – See – Schafweide

 4 km   5 km   5 km

Gesamtlänge: 14 km

Masse

Im Alltag nennt man **Masse** oft Gewicht.
Kleine Massen gibt man in **Gramm (g)** oder in **Kilogramm (kg)** an.
Große Massen gibt man in **Tonnen (t)** an.

1000 g = 1 kg
1000 kg = 1 t

1. Ordne zu.

   60 g — 10 kg — 350 g — 5 g — 3 kg — 38 kg — 180 g — 1 kg

2. Was ist schwerer als 1000 kg? Kreuze an.

3. a) 1750 g = 1 kg 750 g   b) 5050 g = 5 kg 50 g   c) 2 kg 850 g = 2850 g
   3405 g = 3 kg 405 g   705 g = 0 kg 705 g   3 kg 105 g = 3105 g
   2010 g = 2 kg 10 g   6004 g = 6 kg 4 g   5 kg 80 g = 5080 g

4. a) 2350 kg = 2 t 350 kg   b) 3007 kg = 3 t 7 kg   c) 2 t 400 kg = 2400 kg
   4009 kg = 4 t 9 kg   9900 kg = 9 t 900 kg   4 t 250 kg = 4250 kg
   3999 kg = 3 t 999 kg   602 kg = 0 t 602 kg   1 t 75 kg = 1075 kg

---

Wiederholungsaufgaben

Die Lösungen ergeben die Namen von Tieren, die an der Nordsee leben.

1. a) 160 → +20 → 180 → +20 → 200 → −10 → 190 → −70 → 120
   b) 200 → −30 → 170 → +50 → 220 → −30 → 190 → +10 → 200
   c) 570 → −50 → 520 → +200 → 720 → +60 → 780 → −60 → 720

   1. a) S T R A N D   1. b) N D K R A B B E   1. c) E B B E

2. a) 178 + 16 = 194
   b) 185 + 335 = 520
   c) 189 + 242 = 431
   d) 403 + 508 = 911

   2. a) L   2. b) A   2. c) C   2. d) H

3. a) 529 − 345 = 184
   b) 248 − 158 = 90
   c) 523 − 444 = 79
   d) 727 − 667 = 60

   3. a) M   3. b) Ö   3. c) W   3. d) E

4. a) 95 · 2 = 190
   b) 314 · 2 = 628
   c) 231 · 3 = 693
   d) 157 · 4 = 628
   e) 97 · 2 = 194
   f) 108 · 6 = 648
   g) 182 · 3 = 546
   h) 296 · 2 = 592

5. a) 587 : 5 = 117 R 5
   b) 4296 : 4 = 1074

   4. b) E   4. c) G   4. d) E   4. e) L   4. f) R   4. g) O   4. h) B   5. a) B   5. b) E

| R \| 10 | T \| 20 | N \| 30 | E \| 60 | A \| 70 | W \| 79 | Ö \| 90 | S \| 180 | M \| 184 | K \| 190 | L \| 194 | D \| 220 | C \| 431 | A \| 520 | O \| 546 | B \| 592 | E \| 628 | R \| 648 | G \| 693 | B \| 720 | B \| 780 | H \| 911 | U \| 998 | E \| 1074 | B \| 1175 | S \| 1915 |

Größen

Das Komma trennt Tonne (kg) und Kilogramm (g).

	t			kg		
1 875 kg = 1,875 t	1	8	7	5		
948 g = 0,948 t		9	4	8		
7 465 kg = 7,465 t	7	4	6	5		
2 035 kg = 2,035 t	2	0	3	5		

10.
a) 3 428 g = __2,715__ t   b) 1,800 t = __1 800__ kg   c) 1,5 t = __1 500__ kg
4 205 kg = __4,205__ t   5,040 t = __5 040__ kg   3,2 t = __3 200__ kg
8 420 kg = __8,420__ t   0,655 t = __655__ kg   0,7 t = __700__ kg

11. Vervollständige die Tabelle.

1 t 470 kg	2 t 390 kg	3 t 620 kg	5 t 80 kg	4 t 800 kg	0 t 375 kg
1,470 t	2,390 t	3,620 t	5,080 t	4,8 t	0,375 t
1470 kg	2330 kg	3620 kg	5080 kg	4800 kg	375 kg

12. Die Kisten wiegen zusammen 1 t. Ergänze das fehlende Gewicht.

a) 700 kg / 300 kg
b) 560 kg / 440 kg
c) 150 kg / 400 kg / 450 kg

13. Stimmt die Aussage? Kreuze an.

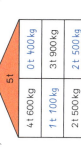

Zebra 350 kg, Seelefant 2,5 t, Flusspferd 1,5 t, Löwe 200 kg

○ Das Zebra und der Löwe sind zusammen schwerer als das Flusspferd.
✗ Der Löwe wiegt 150 kg weniger als das Zebra.
✗ Der See-Elefant wiegt 1 t mehr als das Flusspferd.
○ Das Zebra wiegt doppelt so viel wie der Löwe.
✗ Der See-Elefant wiegt mehr als das Zebra und das Flusspferd zusammen.

14. a)

1 t		
700 kg	__300 kg__
__200 kg__	800 kg
350 kg	650 kg

b)

5 t		
4 t 600 kg	__0 t 400 kg__
__1 t 100 kg__	3 t 900 kg
2 t 500 kg	__2 t 500 kg__

c)

6 t		
5,7 t	__0,3 t__
__1,4 t__	4,6 t
3,8 t	2,2 t

Größen

Das Komma trennt Kilogramm (kg) und Gramm (g).

	kg		g		
1 kg 438 g = 1,438 kg	1	4	3	8	
275 g = 0,275 kg		2	7	5	
2 976 g = 2,976 kg	2	9	7	6	
1 057 g = 1,057 kg	1	0	5	7	

5.
a) 3 428 g = __3,428__ kg   b) 1,375 kg = __1 375__ g   c) 1,5 kg = __1 500__ g
1 050 g = __1,050__ kg   2,100 kg = __2 100__ g   6,3 kg = __6 300__ g
2 780 g = __2,780__ kg   3,060 kg = __3 060__ g   0,8 kg = __800__ g

6. Vervollständige die Tabelle.

4 kg 372 g	1 kg 489 g	3 kg 821 g	2 kg 500 g	6 kg 320 g	0 kg 275 g
4,372 kg	1,489 kg	3,821 kg	2,5 kg	6,320 kg	0,275 kg
4372 g	1489 g	3821 g	2500 g	6320 g	275 g

7. Wie schwer sind die Waren?

a) __700__ g = __0,7__ kg
b) __600__ g = __0,6__ kg
c) __570__ g = __0,570__ kg

8. Immer zwei Gewichte ergeben zusammen 1 kg. Färbe in der gleichen Farbe.

a)
400 g	850 g
750 g	600 g
150 g	700 g
300 g	250 g

b)
930 g	800 g
200 g	360 g
520 g	70 g
640 g	480 g

c)
950 g	450 g
550 g	50 g
190 g	720 g
280 g	810 g

9. Ergänze die fehlenden Werte in der Tabelle.

	Pfirsiche 800 g	Pilze 200 g	Schoki... 500 g	Schokolade 300 g	Erbsen 450 g
Anzahl	3	5	5	4	2
Gesamtgewicht in g	2400 g	1000 g	2500 g	1200 g	900 g
Gesamtgewicht in kg	2,4 kg	1 kg	2,5 kg	1,2 kg	0,9 kg

Zeit

Ein Jahr hat 365 Tage.
1 Jahr = 365 Tage

Ein Jahr hat 12 Monate.
1 Jahr = 12 Monate

Eine Woche hat 7 Tage.
1 Woche = 7 Tage

1. Kreise das Datum im Kalender ein. Notiere den Wochentag.

Klassenfest 10.5. — __Dienstag__   Heiligabend 24.12. — __Samstag__   1. Schultag 25.8. — __Tims Geburtstag 11.11.__

Neujahr 1.1. — __Freitag__   Wandertag 17.9. — __Samstag__   Nikolaustag 6.12. — __Dienstag__   Dein Geburtstag __Freitag__

2. a) 21 Tage = __3__ Wochen   b) 16 Tage = __2__ Wochen __2__ Tage
14 Tage = __2__ Wochen   24 Tage = __3__ Wochen __3__ Tage
28 Tage = __4__ Wochen   30 Tage = __4__ Wochen __2__ Tage

3. a) 1 Jahr = __12__ Monate   b) 1 Jahr 3 Monate = __15__ Monate
2 Jahre = __24__ Monate   3 Jahre 3 Monate = __39__ Monate
3 Jahre = __36__ Monate   2 Jahre 6 Monate = __30__ Monate

4. Ordne das Alter zu.

Ruth (Ich bin älter als 137 Monate.) — 11 Jahre 5 Monate
Lelina (Ich bin jünger als 126 Monate.) — 10 Jahre 5 Monate
Hassan (In 5 Monaten werde ich 11 Jahre alt.) — 10 Jahre 7 Monate
Moritz (In 7 Monaten werde ich 12 Jahre alt.) — 11 Jahre 7 Monate

---

Ein Tag hat 24 Stunden.
1 Tag = 24 Stunden

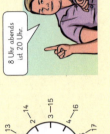

8 Uhr abends ist 20 Uhr.

5. Notiere die Uhrzeiten. Es gibt zwei Möglichkeiten.

a) 9:00 Uhr / 21:00 Uhr
b) 10:15 Uhr / 22:15 Uhr
c) 1:30 Uhr / 13:30 Uhr
d) 8:50 Uhr / 20:50 Uhr
e) 3:45 Uhr / 15:45 Uhr

Der Minutenzeiger braucht für einen Umlauf 60 Minuten. Das ist eine Stunde.

Der Sekundenzeiger braucht für einen Umlauf 60 Sekunden. Das ist eine Minute.

Eine Stunde hat 60 Minuten.
1 h = 60 min

Eine Minute hat 60 Sekunden.
1 min = 60 s

6. a) 1 h = __60__ min   b) 3 h = __180__ min   c) 600 min = __10__ h
2 h = __120__ min   4 h = __240__ min   120 min = __2__ h
5 h = __300__ min   6 h = __360__ min   300 min = __5__ h

7. a) 30 min + __30__ min = 1 h   b) 25 min + __35__ min = 1 h
15 min + __45__ min = 1 h   10 min + __50__ min = 1 h
40 min + __20__ min = 1 h   55 min + __5__ min = 1 h
52 min + __8__ min = 1 h   12 min + __48__ min = 1 h

8. a) 1 min = __60__ s   b) 5 min = __300__ s   c) 600 s = __10__ min
2 min = __120__ s   4 min = __240__ s   180 s = __3__ min

Größen

9. Wie viel Minuten sind vergangen?

a)    b)

A: Es sind 30 Minuten vergangen.   A: Es sind 45 Minuten vergangen.

10. Die Uhr zeigt an, wann die Kinder morgens aus dem Haus gehen.
Um wie viel Uhr kommen die Kinder in der Schule an?

a) Janne 7:30 Uhr
b) Sandra 7:40 Uhr
c) Tom 7:40 Uhr
d) Britta 7:45 Uhr

11. Wie viele Minuten sind vergangen? Trage ein.

a) 30 min
b) 15 min
c) 25 min
d) 20 min

12. Wie viel Uhr ist es jetzt? Zeichne die Zeiger ein.

a) 25 min
b) 55 min
c) 45 min
d) 40 min

13. Trage die fehlenden Uhrzeiten ein.

a) 19:45 → 30 min → 20:15   b) 08:30 → 15 min → 08:45
c) 17:30 → 50 min → 18:20   d) 10:40 → 40 min → 11:20

---

14. Ergänze die Angaben zur Busfahrt.

Abfahrt	14:50 Uhr
Fahrzeit	45 min
Ankunft	15:35 Uhr

Schnellbus Berga–Kamp

Haltestelle	Montag bis Freitag				
Berga	ab	13:25	13:50	14:25	14:50	15:25
Ketel	an/ab	13:40	14:05	14:40	15:05	15:40
Sund	an/ab	13:50	14:15	14:50	15:15	15:50
Irfen	an/ab	14:00	14:25	15:00	15:25	16:00
Kamp	an	14:30	14:55	15:30	15:55	16:30

15. Trage die Fahrzeiten ein.

Berga → 15 min → Ketel → 10 min → Sund → 10 min → Irfen → 30 min → Kamp

16. Wie viele Minuten dauert die Fahrt von Berga nach Kamp?

A: Die Fahrt dauert 65 Minuten.

17. Ergänze die fehlenden Angaben.

a) Ivo steigt um 15:15 Uhr in Sund ein. Er kommt um 15:55 Uhr in Kamp an.
b) Tarfa fährt um 14:25 Uhr in Berga ab.
   Nach 25 Minuten Fahrt kommt sie um 14:50 Uhr in Sund an.
c) Frau Özkan aus Berga muss um 15:45 Uhr in Kamp sein.
   Sie muss mit dem Bus in Berga spätestens um 14:25 Uhr abfahren.
d) Herr Bielak wohnt in Kamp. Er arbeitet in Sund bis 14:30 Uhr.
   Mit dem Bus kann er frühestens um 14:50 Uhr nach Hause fahren.
e) Norbert kommt um 15:55 Uhr in Kamp an. Seine Fahrt dauerte 50 Minuten.
   Er ist um 15:05 Uhr in Ketel losgefahren.
f) Malaika fährt um 15:40 Uhr in Ketel ab. Der Bus kommt in Irfen mit einer Verspätung
   von 5 Minuten um 16:05 Uhr an. Ihre Fahrt dauerte 25 Minuten.

TRAINER

Größen

1. Trage für die Urlaubsfahrt passend ein: €, km, min, h, kg

a) Die Fahrt mit dem Auto dauert ungefähr 7 __h__.
b) Insgesamt darf das Auto höchstens 1800 __kg__ wiegen.
c) An einer Raststätte macht die Familie 30 __min__ Pause.
d) Auf der Strecke liegt ein Tunnel. Er ist 6 __km__ lang.
e) Das Benzin für die Fahrt kostet ungefähr 130 __€__.

2. Vervollständige die Tabelle.

2 € 15 ct	3 € 8 ct	5 € 87 ct	5 € 8 ct	3 € 29 ct	6 € 4 ct
2,15 €	3,08 €	5,87 €	5,08 €	3,29 €	6,04 €
215 ct	308 ct	587 ct	508 ct	329 ct	604 ct

3. Wie viel Euro bleiben übrig? Notiere die Rechnung mit Ergebnis.

   14 €

   58 €

a) 20 € − 14 € = 6 €

b) 70 € − 58 € = 12 €

c) 25 € − 23 € = 2 €

4.

a) 6 € + 2,30 € = 8,30 €
8 € + 0,40 € = 8,40 €
3 € + 4,70 € = 7,70 €
9 € + 1,80 € = 10,80 €

b) 8,20 € + 1,80 € = 10,00 €
2,30 € + 2,50 € = 4,80 €
7,10 € + 2,60 € = 9,70 €
9,40 € + 2,10 € = 11,50 €

c) 6 € − 3,60 € = 2,40 €
3 € − 2,30 € = 0,70 €
7 € − 3,40 € = 3,60 €
9 € − 6,70 € = 2,30 €

5. Wie viel Euro fehlen noch? Notiere die Rechnung mit Ergebnis.

a) Das Kanu kostet 420 €.  250 €

b) Das Zelt kostet 225 €.  170 €

c) Die Rollschuhe kosten 87 €.  42 €

a) 420 € − 250 € = 170 €
b) 225 € − 170 € = 55 €
c) 87 € − 42 € = 45 €

Größen

6. Wandle um.

a) 3,50 m = __350__ cm
1,05 m = __105__ cm
8,99 m = __899__ cm
0,87 m = __87__ cm

b) 245 cm = __2,45__ m
705 cm = __7,05__ m
650 cm = __6,50__ m
45 cm = __0,45__ m

c) 3,5 cm = __35__ mm
0,9 cm = __9__ mm
90 mm = __9__ cm
15 mm = __1,5__ cm

7. Welche Aussagen stimmen? Kreuze an.

Anna 1,43 m | Kemal 1 m 50 cm | Marie 1,46 m | Enno 1 m 48 cm | Lukas 151 cm

☒ Lukas ist 1 cm größer als Kemal.
○ Marie ist 4 cm kleiner als Lukas.
○ Anna ist 4 cm kleiner als Lukas.
☒ Enno ist größer als Marie.
☒ Kemal ist größer als Anna.
○ Anna ist 3 cm kleiner als Enno.

8. Ordne nach der Größe. Beginne mit der größten Länge.

a) 2 m   300 cm   4 mm   b) 1,55 m   75 cm   0,80 m
300 cm > 2 m > 4 mm   1,55 m > 0,80 m > 75 cm

c) 50 mm   7,3 cm   1,45 m   d) 0,45 m   72 mm   37 cm
1,45 m > 7,3 cm > 50 mm   0,45 m > 37 cm > 72 mm

9. Vervollständige die Tabelle.

5 km 730 m	3 km 90 m	6 km 850 m	0 km 725 m	4 km 85 m	1 km 900 m
5,730 km	3,090 km	6,850 km	0,725 km	4,085 km	1,9 km
5730 m	3090 m	6850 m	725 m	4085 m	1900 m

10. Gib die Länge der Schulwege in Kilometer an.

a) Ich gehe genau 800 m weit zur Schule.
b) Ich gehe 1,5 km weiter als Lea.
c) Ich gehe doppelt so weit wie Lea.
d) Ich gehe 250 m weniger als Lea.

Lea: __0,8__ km   Kian: __2,3__ km   Elif: __1,6__ km   Fred: __0,550__ km

Größen

16.
a) 1 Jahr 3 Monate = __15__ Monate   b) 26 Monate = __2__ Jahre 2 Monate
   2 Jahre 7 Monate = __31__ Monate   30 Monate = __2__ Jahre 6 Monate
c) 2 Wochen 3 Tage = __17__ Tage   d) 20 Tage = __2__ Wochen 6 Tage
   4 Wochen 2 Tage = __30__ Tage   40 Tage = __5__ Wochen 5 Tage

17. Notiere die Uhrzeiten. Es gibt zwei Möglichkeiten.

a)   b)   c)   d)   e)

__3:15 Uhr__ __7:30 Uhr__ __5:45 Uhr__ __4:55 Uhr__ __11:05 Uhr__
__15:15 Uhr__ __19:30 Uhr__ __17:45 Uhr__ __16:55 Uhr__ __23:05 Uhr__

13. Zeichne die Zeiger ein.

a) 08:00   b) 09:30   c) 12:30   d) 16:45   e) 21:15

14. a) 50 min + __10__ min = 1 h   b) 35 min + __25__ min = 1 h
       45 min + __15__ min = 1 h   15 min + __45__ min = 1 h

20. Die Uhr zeigt die Abfahrtszeit an. Notiere die Ankunftzeit.

a) Frau Britz 10:00   b) Frau Caso 11:40   c) Herr Horn 08:35   d) Herr Tusk 07:05
   70 min   40 min   45 min   1 h 15 min
   __11:10 Uhr__   __12:20 Uhr__   __9:20 Uhr__   __8:20 Uhr__

9. Vervollständige die Tabelle.

Abfahrt	10:00 Uhr	11:10 Uhr	12:10 Uhr	14:20 Uhr	20:10 Uhr	21:20 Uhr
Fahrzeit	40 min	30 min	30 min	40 min	45 min	25 min
Ankunft	__10:40 Uhr__	__11:40 Uhr__	12:40 Uhr	15:00 Uhr	20:55 Uhr	21:45 Uhr

---

Größen

11. Die Länge in Wirklichkeit ist angegeben. Trage ein.

a) 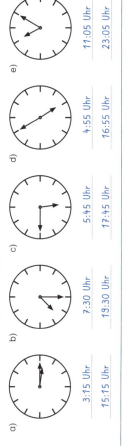   b)

Maßstab 1:50   Maßstab 4:1
Länge in Wirklichkeit: 400 cm   Länge in Wirklichkeit: 6 cm
50fach verkleinert: __8 cm__   4fach vergrößert: __24 cm__

12. Der Maßstab ist angegeben. Bestimme die fehlenden Werte.

a) 1:3

Abbildung	Wirklichkeit
1 cm	__3 cm__
2 cm	__6 cm__
3 cm	__9 cm__
4 cm	__12 cm__

b) 6:1

Abbildung	Wirklichkeit
6 cm	__1 cm__
12 cm	__2 cm__
18 cm	__3 cm__
24 cm	__4 cm__

c) 1:7

Abbildung	Wirklichkeit
1 cm	__7 cm__
2 cm	__14 cm__
3 cm	__21 cm__
4 cm	__28 cm__

13. Trage die passende Einheit für das Gewicht der Tiere ein: g, kg oder t.

40 __t__   35 __kg__   0,8 __t__   5,5 __t__   2 __g__

14. Vervollständige die Tabelle.

5 kg 207 g	2 kg 155 g	3 kg 205 g	3 kg 700 g	0 kg 800 g	4 kg 25 g
5,207 kg	__2,155 kg__	3,205 kg	__3,700 kg__	0,8 kg	__4,025 kg__
5207 g	__2155 g__	__3205 g__	3700 g	__800 g__	__4025 g__

15.
a) 1340 kg = __1,340__ t   b) 3,200 t = __3200__ kg   c) 2,9 t = __2900__ kg
   3900 kg = __3,900__ t   2,050 t = __2050__ kg   0,2 t = __200__ kg
   4806 kg = __4,806__ t   0,475 t = __475__ kg   1,6 t = __1600__ kg
   3070 kg = __3,070__ t   1,105 t = __1105__ kg   2,1 t = __2100__ kg
   850 kg = __0,850__ t   0,650 t = __650__ kg   0,8 t = __800__ kg

6 | Umfang und Flächeninhalt

EINSTIEG

Der Schulhof der Rosa-Parks-Schule soll neu gestaltet werden.

In diesem Kapitel lernst du, …

… wie du Rechtecke und Quadrate zeichnest.

… wie du den Umfang von Rechtecken und Quadraten berechnest.

… wie du den Flächeninhalt von Rechtecken und Quadraten bestimmst.

… wie du Flächeneinheiten umwandelst.

… wie du den Umfang und den Flächeninhalt von zusammengesetzten Flächen berechnest.

Welche Flächen müssen neu belegt werden?

Welche Bereiche müssen umrandet oder eingezäunt werden?

Rechteck und Quadrat

Ein **Rechteck** hat vier rechte Winkel.
Gegenüberliegende Seiten sind gleich lang.
Gegenüberliegende Seiten sind parallel.

Ein **Quadrat** ist ein besonderes Rechteck.
Alle Seiten sind gleich lang.
Auch ein Quadrat hat vier rechte Winkel.
Gegenüberliegende Seiten sind parallel.

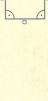

So zeichnest du ein Rechteck mit den Seitenlängen $a = 5\,cm$ und $b = 3\,cm$.

① ② ③ ④

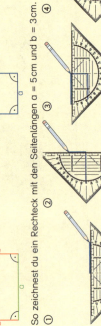

1. Ist die Aussage wahr oder falsch? Kreuze an.

	wahr	falsch
a) Jedes Rechteck hat vier gleich lange Seiten.		×
b) In jedem Rechteck sind die gegenüberliegenden Seiten gleich lang.	×	
c) Jedes Quadrat hat vier gleich lange Seiten.	×	
d) Jedes Quadrat hat vier Ecken.	×	
e) In jedem Rechteck sind die gegenüberliegenden Seiten parallel.	×	

2. Miss die Seitenlängen. Ergänze zum Rechteck.

a) __7__ cm __3__ cm

b) __3__ cm __3,5__ cm

3. Zeichne das Rechteck.

a) $a = 5\,cm$, $b = 3\,cm$

b) $a = 2\,cm$, $b = 4\,cm$

c) $a = 4\,cm$, $b = 4\,cm$

Umfang einer Fläche

Der **Umfang u** einer Figur ist die **Summe ihrer Seitenlängen**.
Du berechnest ihn, indem du alle Seitenlängen der Figur addierst.

$u = 2\,m + 3\,m + 1\,m + 3{,}2\,m = 9{,}2\,m$

1. Welche Schnecke hat den längeren Weg um die Figur herum?

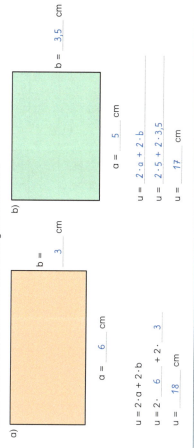

Rudi:

Länge des Weges:
$4\,m + 4\,m + 5\,m = 13\,m$

Isi:

Länge des Weges:
$5\,m + 2\,m + 5\,m + 4\,m = 16\,m$

A: Den längeren Weg hat __Isi__ .

2. Im Neustadter Tierpark bekommen zwei Gehege neue Zäune.
Wie viel Meter Zaun werden für das Gehege benötigt?

a)

$u = 3 + 5 + 3 + 5$
$u = 16\,m$

Es werden __16__ m Zaun benötigt.

b)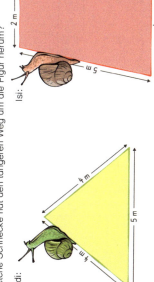

$u = 4 + 6 + 3 + 5$
$u = 18\,m$

Es werden __18__ m Zaun benötigt.

Umfang von Rechteck und Quadrat

Umfang eines **Rechtecks**:
$u = 2 \cdot a + 2 \cdot b$

gegeben: $a = 6\,cm$, $b = 3\,cm$
$u = 2 \cdot a + 2 \cdot b$
$u = 2 \cdot 6\,cm + 2 \cdot 3\,cm$
$u = 12\,cm + 6\,cm$
$u = 18\,cm$

Umfang eines **Quadrats**:
$u = 4 \cdot a$

gegeben: $a = 3\,cm$
$u = 4 \cdot a$
$u = 4 \cdot 3\,cm$
$u = 12\,cm$

1. Miss die Seiten a und b. Berechne den Umfang des Rechtecks.

a) $a = \underline{6}\,cm$, $b = \underline{3}\,cm$

$u = 2 \cdot a + 2 \cdot b$
$u = 2 \cdot \underline{6} + 2 \cdot \underline{3}$
$u = \underline{18}\,cm$

b) $a = \underline{5}\,cm$, $b = \underline{3{,}5}\,cm$

$u = 2 \cdot a + 2 \cdot b$
$u = 2 \cdot 5 + 2 \cdot 3{,}5$
$u = \underline{17}\,cm$

2. Zeichne ein Quadrat mit der Seitenlänge $a = 2\,cm$. Berechne den Umfang.

$u = 4 \cdot a$
$u = 4 \cdot 2$
$u = \underline{8}\,cm$

3. Berechne die Länge des Bauzauns.

a)  b)  c)

a)
$u = 2 \cdot a + 2 \cdot b$
$u = 2 \cdot 30 + 2 \cdot 20$
$u = 100\,m$

b)
$u = 2 \cdot a + 2 \cdot b$
$u = 2 \cdot 40 + 2 \cdot 25$
$u = 130\,m$

c)
$u = 2 \cdot a + 2 \cdot b$
$u = 2 \cdot 30 + 2 \cdot 35$
$u = 130\,m$

Flächeninhalte vergleichen

Der **Flächeninhalt** ist ein Maß für die Größe einer Fläche. Du kannst die Größe von zwei verschiedenen Flächen vergleichen, indem du sie mit gleich großen Teilflächen auslegst.

Fläche A   Fläche B

Fläche A ist mit 21 Quadraten ausgelegt, Fläche B nur mit 20. Also ist Fläche A größer.

1. Färbe gleich große Figuren in der gleichen Farbe.

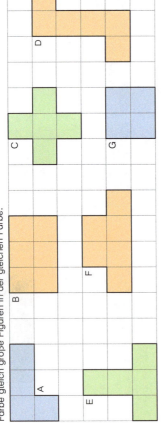

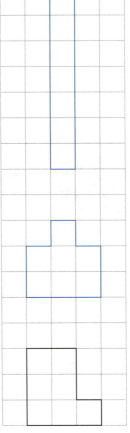

2. Zeichne zu der gegebenen Figur zwei gleich große Figuren. Es gibt verschiedene Möglichkeiten.

3. Wie viele Karos enthält das Rechteck?

a) _25_ Karos   b) _20_ Karos   c) _10_ Karos

Wiederholungsaufgaben

Die Lösungen ergeben die Namen von Städten in Deutschland.

1. a) 4 km 800 m = _4800_ m   b) 0,080 km = _80_ m
 4 km 80 m = _4080_ m   0,120 km = _120_ m

2. a) 1 kg 700 g = _1700_ g   b) 1,770 kg = _1770_ g
 1 kg 967 g = _1967_ g   0,070 kg = _70_ g

1. b)
| D | U | I | S | B | U | R | G |

2. a)
 1 h = _60_ min   b) 3 m = _300_ cm   c) 408 cm = _4,08_ m
 3 h = _180_ min   1,20 m = _120_ cm   70 cm = _0,7_ m
 1 h 30 min = _90_ min 0,56 m = _56_ cm   304 cm = _3,04_ m

2. b)
| F | L | E | N | S | B | U | R | G |

3. a) 7 · 8 = _56_   b) 5 · 30 = _150_   c) 32 : 4 = _8_   d) 180 : 2 = _90_
 6 · 9 = _54_   6 · 50 = _300_   63 : 9 = _7_   400 : 5 = _80_
 5 · 6 = _30_   3 · 40 = _120_   24 : 4 = _6_   210 : 3 = _70_

3. a)
| B | R | A | U | N | S | C | H | W | E | I | G |

4. a)
1	2	4	·	5
	6	2	0	

b)
1	3	4	·	3
	4	0	2	

c)
5	4	6	·	4
2	1	8	4	

d)
2	8	1	·	7
1	9	6	7	

5. Im Supermarkt werden Waren angeliefert. Berechne jeweils die Gesamtzahl.

a) 295 Kästen   b) 145 Paletten

```
 2 9 5 · 6
 ---------
 1 7 7 0
```
```
 1 4 5 · 9
 ---------
 1 3 0 5
```

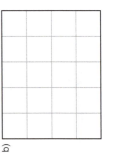 _1770_ Flaschen    _1305_ Dosen

4. a) | E | **4. b)** | R | **4. c)** | F | **4. d)** | U | **5. a)** | R | **5. b)** | T |

R	0,7
G	3,04
U	4,08
W	6
H	7
C	8
A	30
R	54
B	56
F	60
G	70
I	80
E	90
S	120
U	150
L	180
N	300
R	402
E	620
T	1305
B	1700
R	1770
U	1967
F	2184
U	4080
D	4800

Einheitsflächen: m^2, dm^2, cm^2, mm^2

Flächeninhalte werden mit **einheitlichen Maßquadraten** angegeben.
Ein Quadrat mit der Seitenlänge 1 m heißt **Quadratmeter (1 m^2)**.
Ein Quadrat mit der Seitenlänge 1 dm heißt **Quadratdezimeter (1 dm^2)**.
Ein Quadrat mit der Seitenlänge 1 cm heißt **Quadratzentimeter (1 cm^2)**.
Ein Quadrat mit der Seitenlänge 1 mm heißt **Quadratmillimeter (1 mm^2)**.

Turnmatte ca. 2 m^2
Untersetzer ca. 1 dm^2
Briefmarke ca. 6 cm^2
Punkt ca. 1 mm^2

1. Ist die Fläche größer als ein Quadratmeter? Kreuze an.
a) ⊗   b) ◯   c) ◯   d) ⊗

2. Ordne zu.

4 m^2 — 46 cm^2 — 4 dm^2 — 1 m^2

3. Mit welcher Einheit würdest du diese Flächen messen? Trage ein: mm^2, cm^2 oder m^2.

_____ m^2 _____ cm^2 _____ mm^2 _____ cm^2 _____ cm^2

Du kannst Flächeninhalte in verschiedenen Einheiten angeben. Dabei gilt:

$1 m^2 = 100 dm^2$ $1 dm^2 = 100 cm^2$ $1 cm^2 = 100 mm^2$

So wandelst du in die **nächstkleinere** Einheit um:

$4 m^2 = 400 dm^2$ $25 dm^2 = 2500 cm^2$ $3400 mm^2 = 34 cm^2$

So wandelst du in die **nächstgrößere** Einheit um:

$9000 dm^2 = 90 m^2$

4. Ergänze die fehlenden Angaben.

a) $1 cm^2 = 100 mm^2$ b) $4 cm^2 = 400 mm^2$ c) $3 cm^2 = 300 mm^2$ d) $5 cm^2 = 500 mm^2$

5. Wandle um in die nächstkleinere Einheit.

a) $1 cm^2 = 100 mm^2$ b) $6 dm^2 = 600 cm^2$ c) $3 m^2 = 300 dm^2$
   $3 cm^2 = 300 mm^2$ $10 dm^2 = 1000 cm^2$ $4 m^2 = 400 dm^2$

6. Schreibe ohne Komma.

a) $2,9 cm^2 = 290 mm^2$ b) $4,5 cm^2 = 450 mm^2$ c) $7,4 dm^2 = 740 cm^2$
   $0,6 cm^2 = 60 mm^2$ $0,8 cm^2 = 80 mm^2$ $0,2 dm^2 = 20 cm^2$

7. Wandle um in die nächstgrößere Einheit.

a) $600 mm^2 = 6 cm^2$ b) $900 cm^2 = 9 dm^2$ c) $300 dm^2 = 3 m^2$
   $200 mm^2 = 2 cm^2$ $1500 cm^2 = 15 dm^2$ $2000 dm^2 = 20 m^2$

8. Schreibe mit Komma.

a) $350 mm^2 = 3,50 cm^2$ b) $870 mm^2 = 8,70 cm^2$ c) $248 cm^2 = 2,48 dm^2$
   $75 cm^2 = 0,75 dm^2$ $80 mm^2 = 0,80 cm^2$ $90 cm^2 = 0,90 dm^2$

9. Kleiner, größer oder gleich? Setze ein: >, < oder =

a) $7 cm^2$ > $70 mm^2$ b) $3 cm^2$ > $70 mm^2$ c) $700 cm^2$ = $7 dm^2$
   $400 cm^2$ < $40 dm^2$ $600 cm^2$ = $6 dm^2$ $400 mm^2$ > $1 cm^2$
   $5 cm^2$ = $500 mm^2$ $5 m^2$ = $500 dm^2$ $5 m^2$ > $500 cm^2$

10. Ordne nach der Größe. Beginne mit dem kleinsten Wert.

a) $4 cm^2$, $10 mm^2$, $1 dm^2$, $0,5 cm^2$
   $10 mm^2$ < $0,5 cm^2$ < $4 cm^2$ < $1 dm^2$

b) $1 m^2$, $70 dm^2$, $80 cm^2$, $0,2 m^2$
   $80 cm^2$ < $0,2 m^2$ < $70 dm^2$ < $1 m^2$

Flächeninhalt von Rechteck und Quadrat

Für den **Flächeninhalt A** eines **Rechtecks**
mit der Länge a und der Breite b gilt:
A = Länge · Breite
A = $a \cdot b$

gegeben: Rechteck mit $a = 5\,cm$ und $b = 3\,cm$
gesucht: Flächeninhalt A

A = $a \cdot b$
A = $5\,cm \cdot 3\,cm$
A = $15\,cm^2$

Für den **Flächeninhalt A** eines **Quadrats**
mit der Seitenlänge a gilt:
A = Seite · Seite
A = $a \cdot a$

gegeben: Quadrat mit $a = 4\,m$
gesucht: Flächeninhalt A

A = $a \cdot a$
A = $4\,m \cdot 4\,m$
A = $16\,m^2$

1. Miss die Seiten a und b. Berechne den Flächeninhalt des Rechtecks.

a)
$a = \underline{6}\,cm$
$b = \underline{3}\,cm$

A = $a \cdot b$
A = $\underline{6} \cdot \underline{3}$
A = $\underline{18}\,cm^2$

b)
$a = \underline{5}\,cm$
$b = \underline{4}\,cm$

A = $a \cdot b$
A = $\underline{5 \cdot 4}$
A = $\underline{20}\,cm^2$

2. Zeichne das Rechteck. Berechne den Flächeninhalt.
a) $a = 5\,cm, b = 4\,cm$ b) $a = 3\,cm, b = 4\,cm$ c) $a = 4\,cm, b = 2,5\,cm$

a)
A = $a \cdot b$
A = $\underline{5 \cdot 4}$
A = $\underline{20}\,cm^2$

b)
A = $a \cdot b$
A = $\underline{3 \cdot 4}$
A = $\underline{12}\,cm^2$

c)
A = $a \cdot b$
A = $\underline{4 \cdot 2,5}$
A = $\underline{10}\,cm^2$

Ar, Hektar, Quadratkilometer

Ein Quadrat mit 1 km Seitenlänge heißt **Quadratkilometer (1 km²)**.
Ein Quadrat mit 100 m Seitenlänge heißt **Hektar (1 ha)**.
Ein Quadrat mit 10 m Seitenlänge heißt **Ar (1 a)**.

Es gilt:
$1\,km^2 = 100\,ha$
$1\,ha = 100\,a$
$1\,a = 100\,m^2$

Beispiele:
- Blausteinsee in Nordrhein-Westfalen
- Innenraum des Olympiastadions in Berlin
- Hälfte eines Tennisplatzes

1. Ordne zu.

① 1 ha   ② 1 m²   ③ 1 km²   ④ 1 a

2. Wandle um in die nächstkleinere Einheit.

a) $3\,km^2 = \underline{300}\,ha$ b) $8\,ha = \underline{800}\,a$ c) $9\,a = \underline{900}\,m^2$
$6\,km^2 = \underline{600}\,ha$ $3\,ha = \underline{300}\,a$ $10\,a = \underline{1000}\,m^2$

3. Schreibe ohne Komma.

a) $0,9\,km^2 = \underline{90}\,ha$ b) $0,5\,ha = \underline{50}\,a$ c) $4,7\,a = \underline{470}\,m^2$
$6,6\,km^2 = \underline{660}\,ha$ $8,2\,ha = \underline{820}\,a$ $6,25\,a = \underline{625}\,m^2$

4. Wandle um in die nächstgrößere Einheit.

a) $500\,m^2 = \underline{5}\,a$ b) $400\,a = \underline{4}\,ha$ c) $900\,ha = \underline{9}\,km^2$
$600\,m^2 = \underline{6}\,a$ $1000\,a = \underline{10}\,ha$ $1200\,ha = \underline{12}\,km^2$

5. Schreibe mit Komma.

a) $150\,m^2 = \underline{1,5}\,a$ b) $350\,a = \underline{3,5}\,ha$ c) $90\,ha = \underline{0,9}\,km^2$
$40\,m^2 = \underline{0,4}\,a$ $70\,a = \underline{0,7}\,ha$ $670\,ha = \underline{6,7}\,km^2$

6. Kleiner, größer oder gleich? Setze ein: >, < oder =

a) $5\,ha\ \underline{<}\ 3\,km^2$ b) $2\,m^2\ \underline{<}\ 0,1\,a$ c) $1,1\,km^2\ \underline{=}\ 110\,ha$
$7\,km^2\ \underline{>}\ 90\,ha$ $240\,ha\ \underline{=}\ 2,4\,km^2$ $12\,ha\ \underline{=}\ 1200\,a$
$120\,m^2\ \underline{>}\ 1\,a$ $0,5\,km^2\ \underline{=}\ 50\,ha$ $5,7\,a\ \underline{>}\ 57\,m^2$

Sachaufgaben

Lösen von Sachaufgaben

„Ein Pferdezüchter möchte eine neue rechteckige Pferdeweide einzäunen. Sie soll 200 m lang und 400 m breit sein. Wie viel Meter Zaun benötigt er?"

① Fertige eine **Skizze** an.

② Notiere **gegebene** und **gesuchte Größen**.

gegeben:
Länge a = 200 m
Breite b = 400 m
gesucht:
Umfang u

③ Führe die Rechnungen durch.

$u = 2 \cdot a + 2 \cdot b$
$u = 2 \cdot 200\,m + 2 \cdot 400\,m$
$u = 1200\,m$

④ Notiere eine **Antwort**.

Der Pferdezüchter benötigt insgesamt 1200 m Zaun.

---

1. Ein Gehege ist 8 m lang und 6 m breit. Welche Fragen kannst du beantworten? Kreuze an.

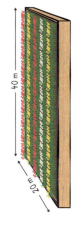

- ☒ Wie groß ist der Flächeninhalt?
- ☒ Reichen 25 m Zaun?
- ☐ Wie teuer wird der Zaun?

2. Was ist gesucht, Flächeninhalt oder Umfang? Kreuze an.

	Flächeninhalt	Umfang
a) Das Kaninchengehege wird eingezäunt.		☒
b) Die Hauswand wird gestrichen.	☒	
c) Das Zimmer wird mit Teppichboden ausgelegt.	☒	
d) Um das Grundstück wird ein Zaun errichtet.		☒

3. Eine 40 m langes und 20 m breites Beet wird mit Tulpen bepflanzt.
Wie groß ist die Fläche des Beetes?

Skizze:

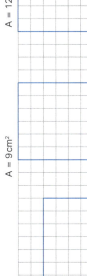

gegeben:
a = 40 m
b = 20 m
gesucht:
Flächeninhalt A

Rechnung:
$A = a \cdot b$
$A = 40 \cdot 20$
$A = 800\,m^2$

Antwort: Die Fläche ist 800 m² groß.

---

3. Berechne den Flächeninhalt.

a)

$A = a \cdot b$
$A = 9 \cdot 4$
$A = 36\,m^2$

b)
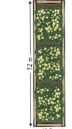

$A = a \cdot b$
$A = 12 \cdot 3$
$A = 36\,m^2$

c)
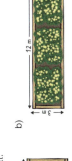

$A = a \cdot b$
$A = 6 \cdot 6$
$A = 36\,m^2$

4. Der Flächeninhalt und eine Seitenlänge des Rechtecks sind gegeben. Wie lang ist die andere Seite des Rechtecks? Zeichne das Rechteck.

a) $a = 5\,cm$, $b = \underline{2}\,cm$
$A = 10\,cm^2$

b) $a = 3\,cm$, $b = \underline{3}\,cm$
$A = 9\,cm^2$

c) $a = 4\,cm$, $b = \underline{3}\,cm$
$A = 12\,cm^2$

5. Ergänze den fehlenden Wert für das Rechteck.

	a)	b)	c)	d)	e)
Seite a	2 cm	1,5 cm	4 cm	10 cm	8 cm
Seite b	7 cm	4 cm	7,5 cm	4 cm	2 cm
Flächeninhalt A	14 cm²	6 cm²	30 cm²	40 cm²	16 cm²

6. a) Zeichne ein Rechteck, das doppelt so lang und doppelt so breit ist.

b) Welche Aussage ist richtig? Kreuze an.

- ○ ... doppelt so groß.
- ○ ... dreimal so groß.
- ☒ Werden die Seiten eines Rechtecks verdoppelt, dann ist der Flächeninhalt des neuen Rechtecks ...
- ○ ... viermal so groß.

Zusammengesetzte Flächen

Du kannst den **Flächeninhalt A** einer zusammengesetzten Fläche auf **zwei Arten** berechnen. 📹 Video

① **Zerlegen und addieren.**   ② **Ergänzen und subtrahieren.**

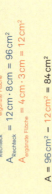

$A = A_1 + A_2 + A_3$
$A_1 = 12\,cm \cdot 3\,cm = 36\,cm^2$
$A_2 = 8\,cm \cdot 3\,cm = 24\,cm^2$
$A_3 = 12\,cm \cdot 2\,cm = 24\,cm^2$
$A = 36\,cm^2 + 24\,cm^2 + 24\,cm^2 = 84\,cm^2$

$A = A_{Rechteck} - A_{ergänzte\ Fläche}$
$A_{Rechteck} = 12\,cm \cdot 8\,cm = 96\,cm^2$
$A_{ergänzte\ Fläche} = 4\,cm \cdot 3\,cm = 12\,cm^2$
$A = 96\,cm^2 - 12\,cm^2 = 84\,cm^2$

1. Berechne den Flächeninhalt der zusammengesetzten Fläche.

$A_1 = \underline{6 \cdot 7}$
$A_1 = \underline{42}\ cm^2$

$A_2 = \underline{4 \cdot 4}$
$A_2 = \underline{16}\ cm^2$

$A = A_1 + A_2$
$A = \underline{42 + 16}$
$A = \underline{58}\ cm^2$

2. Berechne den Flächeninhalt. Es gibt verschiedene Möglichkeiten. Das Endergebnis bleibt immer gleich.

a)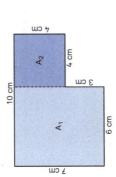

$A_1 = \underline{3 \cdot 4}$
$A_1 = \underline{12}\ cm^2$

$A_2 = \underline{8 \cdot 6}$
$A_2 = \underline{48}\ cm^2$

$A = A_1 + A_2$
$A = \underline{12 + 48}$
$A = \underline{60}\ cm^2$

b)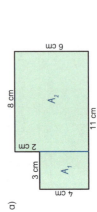

$A_1 = \underline{8 \cdot 4}$
$A_1 = \underline{32}\ cm^2$

$A_2 = \underline{4 \cdot 4}$
$A_2 = \underline{16}\ cm^2$

$A = A_1 + A_2$
$A = \underline{32 + 16}$
$A = \underline{48\ cm^2}$

---

4. Eine 40 m lange und 15 m breite Baustelle wird eingezäunt. Für die Einfahrt der Baufahrzeuge bleiben 4 m frei.

Wie viel Meter Zaun werden benötigt?

Skizze: $a = 40\,m$, $b = 15\,m$, 4 m

gegeben:
$a = 40\ m$
$b = 15\ m$
Einfahrt 4 m

gesucht: Umfang u ohne Einfahrt

Rechnung:
$u = 2 \cdot a + 2 \cdot b$
$u = 2 \cdot 40 + 2 \cdot 15$
$u = 110\ m$
$110 - 4 = 106$

Antwort: Es werden 106 m Zaun benötigt.

5. Das Dach einer Scheune muss neu mit Ziegeln eingedeckt werden.

Wie viel Quadratmeter ist die Dachhälfte groß?
Wie viel Quadratmeter ist die gesamte Fläche groß?

Skizze: $b = 5\,m$, $a = 12\,m$

gegeben:
$a = 12\ m$
$b = 5\ m$

gesucht:
Flächeninhalt A der Dachhälfte
Flächeninhalt insgesamt.

Rechnung:
$A = a \cdot b$
$A = 12 \cdot 5$
$A = 60\ m^2$
$2 \cdot 60 = 120$

Antwort: Die Dachhälfte ist 60 m² groß. Die gesamte Fläche ist 120 m² groß.

6. Ein Schwimmbecken ist 25 m lang und 8 m breit. Der Boden soll gefliest werden.

Wie groß ist die Bodenfläche des Schwimmbeckens?

Skizze: $b = 8\,m$, $a = 25\,m$

gegeben:
$a = 25\ m$
$b = 8\ m$

gesucht:
Flächeninhalt A des Bodens.

Rechnung:
$A = a \cdot b$
$A = 25 \cdot 8$
$A = 200\ m^2$

Antwort: Die Bodenfläche ist 200 m² groß.

Umfang und Flächeninhalt

1. Ist die Aussage wahr oder falsch? Kreuze an.

	wahr	falsch
a) Jedes Rechteck ist auch ein Quadrat.		X
b) Jedes Rechteck hat vier gleichlange Seiten.		X
c) Jedes Quadrat hat vier gleichlange Seiten.	X	
d) In jeder Ecke eines Rechtecks sind die Seiten senkrecht zueinander.	X	
e) In jedem Qudrat sind die gegenüberliegenden Seiten parallel.	X	

2. Miss die Seitenlängen. Ergänze zum Rechteck.

a) _3_ cm   b) _5_ cm   c) _3_ cm / _3_ cm

_3,5_ cm   _2,5_ cm

3. Welche Fläche hat den größten Umfang?

Ⓐ
$u = 4 \cdot a$
$u = 4 \cdot 6$
$u = 24$ m

Ⓑ
$u = 2 \cdot a + 2 \cdot b$
$u = 2 \cdot 8 + 2 \cdot 7$
$u = 30$ m

Ⓒ
$u = a + b + c$
$u = 10 + 6 + 8$
$u = 24$ m

A: _Fläche B hat den größten Umfang._

4. Ordne die Flächen nach ihrer Größe.

_25_ Karos   _20_ Karos   _22_ Karos   _24_ Karos

A _>_ D _>_ C _>_ B

---

5. Kleiner, größer oder gleich? Setze ein: <, > oder =

a) 6 ha _<_ 2 km²   b) 5 km² _>_ 400 ha   c) 5 m² _>_ 50 dm²
   11 m² _>_ 700 dm²   400 a _>_ 1 ha   120 cm² _<_ 2 dm²
   200 m² _=_ 2 a   3 km² _=_ 300 ha   500 m² _=_ 5 a
   400 ha _<_ 5 km²   6 dm² _=_ 600 cm²   300 ha _>_ 1 km²

6.

a)
$A = a \cdot b$
$A = 11 \cdot 7$
$A = 77$ m²
$u = 2 \cdot a + 2 \cdot b$
$u = 2 \cdot 11 + 2 \cdot 7$
$u = 36$ m

b)
$A = a \cdot b$
$A = 20 \cdot 6$
$A = 120$ m²
$u = 2 \cdot a + 2 \cdot b$
$u = 2 \cdot 20 + 2 \cdot 6$
$u = 52$ m

c)
$A = a \cdot a$
$A = 8 \cdot 8$
$A = 64$ m²
$u = 4 \cdot a$
$u = 4 \cdot 8$
$u = 32$ m

7. Eine 10 m lange und 8 m breite Gartenfläche wird mit Rollrasen belegt. Wie viel Quadratmeter Rollrasen werden benötigt?

Skizze:

gegeben:
$a = 10$ m
$b = 8$ m

gesucht:
Flächeninhalt A

Rechnung:
$A = a \cdot b$
$A = 10 \cdot 8$
$A = 80$ m²

Antwort: _Es werden 80 m² Rollrasen benötigt._

8. Berechne den Flächeninhalt des Tiergeheges. Es gibt verschiedene Möglichkeiten.

$A_1 = 20 \cdot 10$
$A_1 = 200$ m²
$A_2 = 50 \cdot 20$
$A_2 = 1000$ m²

$A = A_1 + A_2$
$A = 200 + 1000$
$A = 1200$ m²

7 | Brüche

Elif hat drei Freundinnen zu ihrem Geburtstag eingeladen. Jedes Mädchen soll den gleichen Anteil an der Pizza erhalten.
Wie kann dazu die Pizza geschnitten werden?

In diesem Kapitel lernst du, …
… was Brüche sind.
… wie du Bruchteile herstellst.
… wie du Brüche darstellst.
… wie du Bruchteile von Größen berechnest.
… wie du einfache Brüche addierst und subtrahierst.

Bruchteile erkennen und darstellen

Tabea und Jonas teilen sich eine Pizza. Jedes Kind erhält eine halbe Pizza.

$\frac{1}{2}$

Ein Bruchteil ist ein Teil eines Ganzen.
Teilst du ein Ganzes in 2, 3, 4, … gleich große Teile, so erhältst du Halbe, Drittel, Viertel, …

ein Halb $\frac{1}{2}$ **ein Drittel** $\frac{1}{3}$ **ein Viertel** $\frac{1}{4}$

1. Welcher Bruchteil ist gefärbt?
a) $\frac{1}{4}$ b) $\frac{1}{8}$ c) $\frac{1}{8}$ d) $\frac{1}{9}$ e) $\frac{1}{5}$

2. Färbe immer ein Feld. Gib den Bruchteil an.
a) $\frac{1}{4}$ b) $\frac{1}{3}$ c) $\frac{1}{6}$ d) $\frac{1}{5}$

3. Zeichne gleich große Teile ein. Färbe den angegebenen Bruchteil.
a) $\frac{1}{4}$ b) $\frac{1}{8}$ c) $\frac{1}{3}$ d) $\frac{1}{5}$
e) $\frac{1}{2}$ f) $\frac{1}{9}$ g) $\frac{1}{7}$ h) $\frac{1}{4}$

Brüche

"Ich habe zwei Drittel der Pizza."

$\frac{2}{3}$

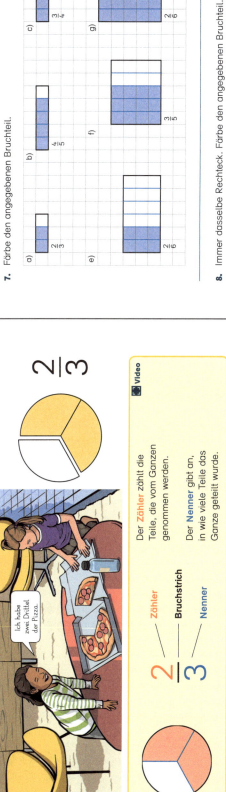

2 — Zähler
— Bruchstrich
3 — Nenner

Video

Der **Zähler** zählt die Teile, die vom Ganzen genommen werden.

Der **Nenner** gibt an, in wie viele Teile das Ganze geteilt wurde.

4. Welcher Bruchteil der Figur ist gefärbt?

a) $\frac{2}{4}$ b) $\frac{2}{5}$ c) $\frac{2}{3}$ d) $\frac{3}{7}$

5. Färbe den angegebenen Bruchteil.

a) $\frac{3}{7}$ b) $\frac{2}{4}$ c) $\frac{3}{5}$ d) $\frac{4}{9}$

e) $\frac{3}{4}$ f) $\frac{5}{6}$ g) $\frac{7}{10}$ h) $\frac{5}{7}$

6. Welcher Bruchteil ist im Kreis gefärbt? Färbe denselben Bruchteil in jeder Figur.

$\frac{5}{8}$

---

7. Färbe den angegebenen Bruchteil.

a) $\frac{2}{3}$ b) $\frac{4}{5}$ c) $\frac{3}{4}$ d) $\frac{4}{6}$

e) $\frac{2}{6}$ f) $\frac{3}{5}$ g) $\frac{2}{6}$ h) $\frac{5}{8}$

8. Immer dasselbe Rechteck. Färbe den angegebenen Bruchteil.

a) $\frac{3}{4}$ b) $\frac{5}{8}$ c) $\frac{4}{6}$

d) $\frac{5}{6}$ e) $\frac{2}{3}$ f) $\frac{7}{8}$

9. Welche Figuren kannst du mit 2 geraden Linien in 4 gleiche Teile zerlegen? Zeichne ein.

A   B   C   D

Brüche von Größen bestimmen

So berechnest du einen Bruchteil vom Ganzen.
① Dividiere das Ganze durch den **Nenner**.
② Multipliziere das Ergebnis mit dem **Zähler**.

Berechne $\frac{2}{5}$ von 10 km.
① $\frac{1}{5}$ von 10 km:
10 km : 5 = 2 km
② $\frac{2}{5}$ von 10 km:
2 km · 2 = 4 km
$\frac{2}{5}$ von 10 km sind 4 km.

Video

1. Wie viele Punkte sind es insgesamt? Färbe den Bruchteil. Schreibe auf.

a)
$\frac{1}{3}$ von 15 = 15 : 3 = __5__

b)
$\frac{1}{4}$ von 24 = 24 : 4 = __6__

c)
$\frac{1}{5}$ von 20 = 20 : 5 = __4__

2. a)
$\frac{1}{3}$ von 18 € = __6 €__
$\frac{1}{6}$ von 18 € = __3 €__
$\frac{1}{2}$ von 18 € = __9 €__
$\frac{1}{9}$ von 18 € = __2 €__

b)
$\frac{1}{2}$ von 18 m = __9 m__
$\frac{1}{5}$ von 45 m = __9 m__
$\frac{1}{6}$ von 54 m = __9 m__
$\frac{1}{8}$ von 72 m = __9 m__

c)
$\frac{1}{4}$ von 80 g = __20 g__
$\frac{1}{3}$ von 90 g = __30 g__
$\frac{1}{6}$ von 120 g = __20 g__
$\frac{1}{5}$ von 150 g = __30 g__

3. Färbe und berechne.

a)
$\frac{1}{4}$ von __20__ = __5__
$\frac{3}{4}$ von __20__ = __15__

b)
$\frac{1}{5}$ von __20__ = __4__
$\frac{3}{5}$ von __20__ = __12__

4. a)
$\frac{4}{5}$ von __20__ = __16__
$\frac{5}{6}$ von __24__ = __20__

b)

c)
$\frac{3}{8}$ von __16__ = __6__
$\frac{3}{8}$ von __16__ = __6__

Brüche

5. Berechne.

a) $\frac{1}{4}$ von 8 = __2__
$\frac{3}{4}$ von 8 = __6__

b) $\frac{1}{4}$ von 40 = __10__
$\frac{3}{4}$ von 40 = __30__

c) $\frac{1}{4}$ von 20 = __5__
$\frac{3}{4}$ von 20 = __15__

d) $\frac{1}{4}$ von 100 = __25__
$\frac{3}{4}$ von 100 = __75__

e) $\frac{1}{3}$ von 9 = __3__
$\frac{2}{3}$ von 9 = __6__

f) $\frac{1}{3}$ von 30 = __10__
$\frac{2}{3}$ von 30 = __20__

g) $\frac{1}{3}$ von 21 = __7__
$\frac{2}{3}$ von 21 = __14__

h) $\frac{1}{3}$ von 60 = __20__
$\frac{2}{3}$ von 60 = __40__

6. a) $\frac{2}{3}$ von 24 = __16__
$\frac{3}{4}$ von 16 = __12__
$\frac{4}{5}$ von 25 = __20__

b) $\frac{3}{4}$ von 400 = __300__
$\frac{5}{8}$ von 160 = __100__
$\frac{2}{7}$ von 140 = __40__

c) $\frac{4}{5}$ von 2500 = __2000__
$\frac{5}{6}$ von 6000 = __5000__
$\frac{7}{8}$ von 4000 = __3500__

7. a) $\frac{3}{4}$ von 40 kg = __30 kg__
$\frac{3}{8}$ von 72 kg = __27 kg__
$\frac{5}{6}$ von 36 kg = __30 kg__

b) $\frac{3}{5}$ von 350 kg = __210 kg__
$\frac{2}{10}$ von 900 kg = __180 kg__
$\frac{5}{8}$ von 480 kg = __300 kg__

c) $\frac{2}{3}$ von 3000 m = __2000 m__
$\frac{5}{7}$ von 2100 m = __1500 m__
$\frac{7}{9}$ von 3600 m = __2800 m__

8. Ein Fahrrad kostet 320 €.
Lena hat schon $\frac{3}{4}$ davon gespart.
Wie viel Euro hat Lena gespart?

R: $\frac{3}{4}$ von 320 € = 240 €
A: Lena hat schon 240 € gespart.

9. Die Klasse 5b hat 24 Schüler.
$\frac{1}{4}$ der Schüler kommt mit dem Fahrrad zur Schule.
$\frac{1}{3}$ der Schüler kommt zu Fuß.
Alle anderen fahren mit dem Bus.
Wie viele Schüler sind es jeweils?

Mit dem Fahrrad:
$\frac{1}{4}$ von __24__ = __6__ Schüler

Zu Fuß:
$\frac{1}{3}$ von __24__ = __8__ Schüler

Mit dem Bus:
__10__ Schüler

Brüche

📖 S. 198–199

10. Für den Bau einer Seifenkiste benötigt Simone $\frac{1}{2}$ m Rundstahl.

Wie viel Zentimeter Rundstahl muss Simone kaufen?

`1 m = 100 cm` TIPP

$\frac{1}{2}$ m = $\frac{1}{2}$ von 100 cm = __50 cm__

A: __Simone muss 50 cm Rundstahl kaufen.__

11. a) $\frac{1}{5}$ m = $\frac{1}{5}$ von 100 cm = 20 cm

$\frac{3}{5}$ m = $\frac{3}{5}$ von 100 cm = 60 cm

$\frac{4}{5}$ m = $\frac{4}{5}$ von 100 cm = 80 cm

b) $\frac{1}{4}$ m = $\frac{1}{4}$ von 100 cm = 25 cm

$\frac{3}{4}$ m = $\frac{3}{4}$ von 100 cm = 75 cm

$\frac{7}{10}$ m = $\frac{7}{10}$ von 100 cm = 70 cm

12. Kevin möchte für seine Freunde einen Kuchen backen. Dafür benötigt er $\frac{3}{4}$ kg Mehl.

Wie viel Gramm Mehl benötigt Kevin für den Kuchen?

`1 kg = 1000 g` TIPP

$\frac{3}{4}$ kg = $\frac{3}{4}$ von 1 000 g = __750 g__

A: __Kevin benötigt 750 g Mehl für den Kuchen.__

13. a) $\frac{4}{5}$ kg = $\frac{4}{5}$ von 1000 g = 800 g

$\frac{6}{10}$ kg = $\frac{6}{10}$ von 1000 g = 600 g

$\frac{7}{10}$ kg = $\frac{7}{10}$ von 1000 g = 700 g

b) $\frac{1}{4}$ kg = $\frac{1}{4}$ von 1000 g = 250 g

$\frac{1}{8}$ kg = $\frac{1}{8}$ von 1000 g = 125 g

$\frac{3}{8}$ kg = $\frac{3}{8}$ von 1000 g = 375 g

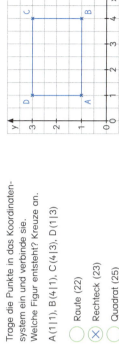

14. Immer zwei Längen sind gleich. Färbe mit der gleichen Farbe.

a) 25 cm | $\frac{1}{2}$ m | 50 cm | 40 cm | $\frac{3}{4}$ m | 80 cm
$\frac{7}{10}$ m | $\frac{1}{4}$ m | 70 cm | $\frac{8}{10}$ m | $\frac{2}{5}$ m | 75 cm

b)

15. Immer zwei Massen sind gleich. Färbe mit der gleichen Farbe.

a) $\frac{1}{2}$ kg | 250 g | $\frac{1}{10}$ kg | $\frac{3}{10}$ kg | 750 g | 300 g
500 g | 100 g | 200 g | 400 g | 900 g | $\frac{9}{10}$ kg
 | | $\frac{1}{4}$ kg | $\frac{1}{5}$ kg | $\frac{3}{4}$ kg | $\frac{2}{5}$ kg

b)

Wiederholungsaufgaben

📖 S. 201

Die Lösungen ergeben die Namen von Früchten.

1. a)
```
  3 4 5
+ 2 5 3
-------
  5 9 8
```
b)
```
  6 1 8
+   8 1
-------
  6 9 9
```
c)
```
  6 4 8
+ 3 4 5
-------
  9 9 3
```
d)
```
  7 6 3
+   4 8
-------
  8 1 1
```

2. a)
```
  6 7 5
- 2 3 4
-------
  4 4 1
```
b)
```
  4 7 6
-   5 4
-------
  4 2 2
```
c)
```
  5 8 4
- 4 3 7
-------
  1 4 7
```
d)
```
  8 5 3
-   7 6
-------
  7 7 7
```

1. a)	1. b)	1. c)	1. d)	2. a)	2. b)	2. c)	2. d)
A	P	R	I	K	O	S	E

3. a) Berechne den Umfang.

b) Berechne den Flächeninhalt.

4 cm / 8 cm

3 cm / 7 cm

u = __24__ cm

A = __21__ cm²

4. Wandle um.

a) 3 cm = __30__ mm

b) 4 dm = __40__ cm

c) 50 mm = __5__ cm

5. Trage die Punkte in das Koordinatensystem ein und verbinde sie. Welche Figur entsteht? Kreuze an.

A(1|1), B(4|1), C(4|3), D(1|3)

○ Raute (22)
☒ Rechteck (23)
○ Quadrat (25)

3. a)	3. b)	4. a)	4. b)	4. c)	5.
O	R	A	N	G	E

BLEIB FIT

G	5
R	21
Y	22
E	23
O	24
M	25
A	30
N	40
H	127
M	137
S	147
A	153
T	300
S	400
O	422
K	441
L	500
A	598
P	699
E	777
I	811
Q	822
U	983
R	993
F	1 001
Y	1 992

Brüche am Zahlenstrahl

Brüche am Zahlenstrahl

Zwischen 0 und 1 gibt es fünf gleich große Teile.
Die Zahl A steht an der vierten Stelle.

→ Nenner 5
→ Zähler 4

$A = \dfrac{4}{5}$

1. Wie heißen die Brüche? Trage ein.

a) $\dfrac{2}{8}$ $\dfrac{3}{8}$ $\dfrac{5}{8}$ $\dfrac{7}{8}$

b) $\dfrac{1}{10}$ $\dfrac{3}{10}$ $\dfrac{5}{10}$ $\dfrac{6}{10}$ $\dfrac{9}{10}$

2. a) Unterteile die Strecke zwischen 0 und 1 in sechs gleich große Teile.

b) Markiere $A = \dfrac{2}{6}$ $B = \dfrac{3}{6}$ $C = \dfrac{5}{6}$

3. Trage die Brüche am passenden Zahlenstrahl ein.

$\dfrac{2}{10}$ $\dfrac{6}{10}$

$\dfrac{1}{5}$ $\dfrac{3}{5}$

$\dfrac{2}{8}$ $\dfrac{6}{8}$

$\dfrac{1}{4}$ $\dfrac{3}{4}$

$\dfrac{1}{5}$ $\dfrac{2}{10}$ $\dfrac{3}{4}$ $\dfrac{6}{8}$ $\dfrac{3}{5}$ $\dfrac{6}{10}$ $\dfrac{1}{4}$ $\dfrac{2}{8}$

4. Setze ein: < oder >

a) $\dfrac{6}{10}$ $\boxed{<}$ $\dfrac{6}{8}$ b) $\dfrac{1}{5}$ $\boxed{<}$ $\dfrac{1}{4}$ c) $\dfrac{3}{4}$ $\boxed{>}$ $\dfrac{1}{5}$ d) $\dfrac{3}{5}$ $\boxed{<}$ $\dfrac{3}{4}$ e) $\dfrac{1}{4}$ $\boxed{<}$ $\dfrac{3}{5}$

Brüche größer als ein Ganzes

Einen Bruch, der größer als ein Ganzes ist, kannst du als **gemischte Zahl** oder als **unechten Bruch** schreiben.

1 Ganzes und $\dfrac{2}{5}$

gemischte Zahl: $1\dfrac{2}{5}$
unechter Bruch: $\dfrac{7}{5}$

$1\dfrac{2}{5} = 1 + \dfrac{2}{5}$
$1\dfrac{2}{5} = \dfrac{5}{5} + \dfrac{2}{5}$
$1\dfrac{2}{5} = \dfrac{7}{5}$

1. Schreibe zu jedem Bild den Bruch und die gemischte Zahl.

a)

$1\dfrac{3}{4} = \dfrac{7}{4}$

b)

$1\dfrac{4}{6} = \dfrac{10}{6}$

c)

$2\dfrac{1}{3} = \dfrac{7}{3}$

2. Immer drei Karten gehören zusammen. Verbinde.

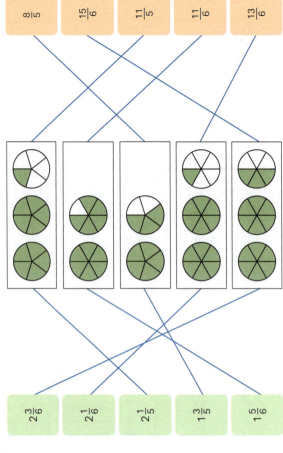

$\dfrac{8}{5}$ $\dfrac{15}{6}$ $\dfrac{11}{5}$ $\dfrac{11}{6}$ $\dfrac{13}{6}$

$2\dfrac{3}{6}$ $2\dfrac{1}{6}$ $2\dfrac{1}{5}$ $1\dfrac{3}{5}$ $1\dfrac{5}{6}$

3. Schreibe die gemischte Zahl als Bruch.

a) $1\dfrac{1}{3} = \dfrac{4}{3}$ b) $1\dfrac{2}{5} = \dfrac{7}{5}$ c) $2\dfrac{3}{7} = \dfrac{17}{7}$ d) $3\dfrac{2}{3} = \dfrac{11}{3}$

$1\dfrac{3}{4} = \dfrac{7}{4}$ $1\dfrac{5}{6} = \dfrac{11}{6}$ $2\dfrac{3}{5} = \dfrac{13}{5}$ $4\dfrac{3}{8} = \dfrac{35}{8}$

$1\dfrac{5}{8} = \dfrac{13}{8}$ $1\dfrac{2}{7} = \dfrac{9}{7}$ $2\dfrac{1}{4} = \dfrac{9}{4}$ $3\dfrac{1}{5} = \dfrac{16}{5}$

Brüche mit gleichem Nenner addieren und subtrahieren

Wie viel Fladenbrot habt ihr noch?

$\frac{2}{4} + \frac{1}{4}$ $\frac{2}{4} + \frac{1}{4} = \frac{3}{4}$

Video

Brüche mit dem gleichen Nenner addierst du so:
Addiere die **Zähler**, der **Nenner** bleibt gleich.

 $\frac{2}{8} + \frac{3}{8} = \frac{2+3}{8} = \frac{5}{8}$

1. Vervollständige die Zeichnung. Berechne.

a) $3 + 2 = 5$ $\frac{3}{8} + \frac{2}{8} = \frac{5}{8}$
b) $\frac{2}{8} + \frac{2}{8} = \frac{4}{8}$
c) $\frac{4}{8} + \frac{3}{8} = \frac{7}{8}$
d) $\frac{1}{8} + \frac{5}{8} = \frac{6}{8}$

2. Notiere die Rechnung.

a) $\frac{2}{8} + \frac{3}{8} = \frac{5}{8}$
b) $\frac{3}{6} + \frac{2}{6} = \frac{5}{6}$
c) $\frac{2}{8} + \frac{1}{8} = \frac{3}{8}$
d) $\frac{3}{8} + \frac{3}{8} = \frac{6}{8}$

3. a) $\frac{2}{6} + \frac{2}{6} = \frac{4}{6}$ b) $\frac{3}{7} + \frac{2}{7} = \frac{5}{7}$ $\frac{1}{6} + \frac{4}{6} = \frac{5}{6}$ d) $\frac{3}{6} + \frac{3}{6} = \frac{6}{6}$

$\frac{1}{4} + \frac{4}{8} = \frac{5}{8}$ $\frac{3}{10} + \frac{6}{10} = \frac{9}{10}$ $\frac{6}{10} + \frac{3}{10} = \frac{9}{10}$

4. a) $\frac{2}{5} + \frac{2}{5} = \frac{4}{5}$ b) $\frac{2}{10} + \frac{5}{10} = \frac{7}{10}$ c) $\frac{2}{5} + \frac{1}{5} = \frac{3}{5}$

$\frac{4}{9} + \frac{1}{9} = \frac{5}{9}$ $\frac{2}{8} + \frac{5}{8} = \frac{7}{8}$

5. Asil kauft am Getränkestand $\frac{1}{8}$ ℓ Orangensaft. Ihr Bruder kauft $\frac{2}{8}$ ℓ.
Wie viel Liter Orangensaft kaufen sie zusammen?

R: $\frac{1}{8} + \frac{2}{8} = \frac{3}{8}$

A: Sie kaufen zusammen $\frac{3}{8}$ ℓ Orangensaft.

$\frac{2}{4} - \frac{1}{4}$ $\frac{2}{4} - \frac{1}{4} = \frac{1}{4}$

Video

Brüche mit dem gleichen Nenner subtrahierst du so:
Subtrahiere die **Zähler**, der **Nenner** bleibt gleich.

 $\frac{5}{8} - \frac{2}{8} = \frac{5-2}{8} = \frac{3}{8}$

6. Notiere die Rechnung.

a) $\frac{5}{7} - \frac{1}{7} = \frac{4}{7}$
b) $\frac{7}{8} - \frac{3}{8} = \frac{4}{8}$
c) $\frac{4}{6} - \frac{3}{6} = \frac{1}{6}$
d) $\frac{5}{8} - \frac{2}{8} = \frac{3}{8}$

e) $\frac{6}{7} - \frac{2}{7} = \frac{4}{7}$
f) $\frac{4}{5} - \frac{3}{5} = \frac{1}{5}$
g) $\frac{6}{8} - \frac{3}{8} = \frac{3}{8}$
h) $\frac{7}{10} - \frac{3}{10} = \frac{4}{10}$

7. a) $\frac{5}{8} - \frac{3}{8} = \frac{2}{8}$ b) $\frac{6}{10} - \frac{5}{10} = \frac{1}{10}$ c) $\frac{4}{5} - \frac{1}{5} = \frac{3}{5}$

$\frac{7}{9} - \frac{3}{9} = \frac{4}{9}$ $\frac{8}{9} - \frac{3}{9} = \frac{5}{9}$ $\frac{6}{7} - \frac{3}{7} = \frac{3}{7}$

$\frac{4}{6} - \frac{3}{6} = \frac{1}{6}$ $\frac{6}{8} - \frac{3}{8} = \frac{3}{8}$ $\frac{8}{8} - \frac{3}{8} = \frac{5}{8}$

8. a) $\frac{5}{8} - \frac{4}{8} = \frac{1}{8}$ b) $\frac{7}{9} - \frac{2}{9} = \frac{5}{9}$ c) $\frac{3}{5} - \frac{2}{5} = \frac{1}{5}$

$\frac{4}{7} - \frac{2}{7} = \frac{2}{7}$ $\frac{4}{5} - \frac{3}{5} = \frac{1}{5}$ $\frac{4}{8} - \frac{3}{8} = \frac{1}{8}$

9. Im Krug waren $\frac{7}{8}$ ℓ Orangensaft.
Oskar füllt $\frac{2}{8}$ ℓ Orangensaft in ein Glas.
Wie viel Liter Saft sind danach noch im Krug?

R: $\frac{7}{8} - \frac{2}{8} = \frac{5}{8}$

A: Im Krug sind danach noch $\frac{5}{8}$ ℓ Orangensaft.

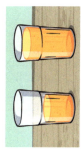

Brüche

TRAINER

1. Welcher Bruchteil ist gefärbt?

a) $\frac{4}{9}$ b) $\frac{3}{5}$ c) $\frac{4}{10}$ d) $\frac{3}{7}$

2. Färbe den angegebenen Bruchteil.

a) $\frac{3}{7}$ b) $\frac{3}{8}$ c) $\frac{7}{8}$ d) $\frac{5}{9}$

3. Färbe den Bruchteil. Ergänze die Rechnung.

a) $\frac{1}{3}$ von 15 = 15 : 3 = 5

b) $\frac{1}{5}$ von 20 = 20 : 5 = 4

4. a) $\frac{1}{3}$ von 18 € = 18 € : 3 = 6 €
$\frac{1}{6}$ von 24 € = 24 € : 6 = 4 €
$\frac{1}{4}$ von 4 € = 4 € : 4 = 1 €

b) $\frac{1}{5}$ von 30 € = 30 € : 5 = 6 €
$\frac{1}{7}$ von 28 € = 28 € : 7 = 4 €
$\frac{1}{8}$ von 24 € = 24 € : 8 = 3 €

5. a) $\frac{1}{5}$ von 35 € = 7 €
$\frac{2}{5}$ von 35 € = 14 €

b) $\frac{1}{4}$ von 32 € = 8 €
$\frac{3}{4}$ von 32 € = 24 €

c) $\frac{1}{7}$ von 21 € = 3 €
$\frac{4}{7}$ von 21 € = 12 €

6. Berechne die Bruchteile.

a) $\frac{3}{4}$ von 20 = 15
$\frac{5}{6}$ von 36 = 30
$\frac{2}{3}$ von 27 = 18

b) $\frac{4}{5}$ von 500 = 400
$\frac{2}{3}$ von 210 = 140
$\frac{2}{6}$ von 300 = 100

c) $\frac{3}{8}$ von 4 000 = 1 500
$\frac{5}{6}$ von 6 000 = 5 000
$\frac{3}{7}$ von 5 600 = 2 400

7. Wie viel Gramm sind es?

a) $\frac{1}{2}$ kg = $\frac{1}{2}$ von 1 000 g = 500 g
$\frac{1}{4}$ kg = $\frac{1}{4}$ von 1 000 g = 250 g
$\frac{3}{4}$ kg = $\frac{3}{4}$ von 1 000 g = 750 g

b) $\frac{3}{10}$ kg = $\frac{3}{10}$ von 1 000 g = 300 g
$\frac{2}{10}$ kg = $\frac{2}{10}$ von 1 000 g = 200 g
$\frac{3}{5}$ kg = $\frac{3}{5}$ von 1 000 g = 600 g

---

8. Schreibe zu jedem Bild die gemischte Zahl und den unechten Bruch.

a) $1\frac{1}{6} = \frac{7}{6}$ b) $1\frac{3}{4} = \frac{7}{4}$ c) $1\frac{2}{3} = \frac{5}{3}$

9. Wie heißen die Brüche? Trage ein.

$\frac{1}{8}$ $\frac{3}{8}$ $\frac{4}{8}$ $\frac{6}{8}$

10. Zu jeder Fahne gehört ein Bruch. Färbe in der Farbe der Fahne.

$\frac{3}{4}$ $\frac{1}{2}$ $\frac{1}{10}$ $\frac{1}{5}$

11. Berechne und vervollständige die Zeichnung.

a) $\frac{3}{8} + \frac{2}{8} = \frac{5}{8}$
b) $\frac{2}{8} + \frac{5}{8} = \frac{7}{8}$
c) $\frac{3}{8} + \frac{4}{8} = \frac{7}{8}$
d) $\frac{6}{8} + \frac{1}{8} = \frac{7}{8}$

12. a) $\frac{1}{8} + \frac{6}{8} = \frac{7}{8}$
$\frac{3}{7} + \frac{2}{7} = \frac{5}{7}$
$\frac{4}{6} + \frac{1}{6} = \frac{5}{6}$

b) $\frac{2}{5} + \frac{1}{5} = \frac{3}{5}$
$\frac{3}{9} + \frac{2}{9} = \frac{5}{9}$
$\frac{2}{7} + \frac{2}{7} = \frac{4}{7}$

c) $\frac{7}{10} - \frac{3}{10} = \frac{4}{10}$
$\frac{6}{9} - \frac{5}{9} = \frac{1}{9}$
$\frac{4}{5} - \frac{2}{5} = \frac{2}{5}$

d) $\frac{10}{12} - \frac{6}{12} = \frac{4}{12}$
$\frac{5}{8} - \frac{3}{8} = \frac{2}{8}$
$\frac{7}{9} - \frac{2}{9} = \frac{5}{9}$